西山永定河文化带石景山区"六张文化名片"系列丛书

北京市石景山区文化和旅游局　编著

永定河生态文化

首都师范大学出版社

CAPITAL NORMAL UNIVERSITY PRESS

图书在版编目（CIP）数据

永定河生态文化 / 北京市石景山区文化和旅游局编著. —北京：
首都师范大学出版社，2024.1

ISBN 978-7-5656-7931-5

Ⅰ. ①永… Ⅱ. ①北… Ⅲ. ①永定河－文化生态学－研究
Ⅳ. ①X321.21

中国国家版本馆 CIP 数据核字（2023）第 213769 号

审图号：GS（2023）4631 号

YONGDINGHE SHENGTAI WENHUA

永定河生态文化

北京市石景山区文化和旅游局　编著

责任编辑　马　岩　许　蔚

首都师范大学出版社出版发行

地　　址　北京西三环北路 105 号
邮　　编　100048
电　　话　68418523（总编室）　　68982468（发行部）
网　　址　http://cnupn.cnu.edu.cn
印　　刷　北京印刷集团有限责任公司
经　　销　全国新华书店
版　　次　2024 年 1 月第 1 版
印　　次　2024 年 1 月第 1 次印刷
开　　本　710mm×1000mm　　1/16
印　　张　17.5
字　　数　200 千
定　　价　62.00 元

西山永定河文化带石景山区"六张文化名片"
——《永定河生态文化》

● 编委会

顾　问：李金克　尹　圆

主　任：唐　铭

副主任：白建其　黄　杰

成　员：李振平　萧　媛

主　编：吴文涛　苗天娥

编　委：李　诚　许　辉　王洪波　张丽娜　任和合

前　言

　　"绿水青山就是金山银山"，习近平总书记寥寥数语总结出的生态文明思想，是新时代生态文明建设的根本遵循和行动指南。生态文明建设是与经济建设、政治建设、文化建设、社会建设共同形成"五位一体"总体布局的重要内容，是实现美丽中国梦的必然要求。在党的二十大纲领引领下的首都发展进程中，"一半山水一半城"的石景山区理应亮出自己独有的生态文化名片。

　　西山以雄伟气势和博大胸怀拱卫北京城，永定河以海纳百川的姿态哺育滋养北京城，山河一体承载着北京城三千年来中华民族多元文化元素，为京西这片热土积淀了丰富的文化资源、深厚的历史文脉。扼守首都西大门的石景山区，围绕《北京城市总体规划(2016年—2035年)》赋予的"三区"定位，高标准推进西山永定河文化带建设，坚持把西山永定河文化带建设作为推进全国文化中心建设的重要抓手，深入推进生态文明建设，做好山水文化融合文章，同时加强文物保护利用和文化遗产保护，推动自然山水、古道村落、工业遗址、红色印记、文化创意等特色资源融合发展，展现石景山独特的自然之美和人文底蕴。作为石景山区"六张文化名片"之一的永定河生态文化名片，不仅是北京市西山永定河文化带石景山段的展示窗口，而且是石景山区历史文化、自然生态和现代化建设交相辉映的典型案例。

依山傍水的天然地势，使石景山区享有山峰林地镶嵌连线、河湖沟渠萦绕贯穿的独特山水风光，形成了以天泰山、石景山、翠微山为代表的名山文化，以永定河起源、变迁、治理为代表的水利文化，三国时期著名的水利工程戾陵堰和车箱渠，以及后世的金口遗址、十八磴、永定河引水渠等见证了永定河孕育北京城的悠久历史。在"两山"理论和现代生态文明理念的指引下，石景山区重点加强了永定河流域治理，充分利用水利遗址资源提升品牌塑造，打造延绵绿色的亲水生态廊道，建设集生态、文化、旅游等于一体的亲水生态画廊。通过加大西山生态修复力度，完善京西绿色屏障，打造多彩山地，推动山水融城的绿色城区建设，充分彰显了西山与永定河交会区的生态文化魅力。莲石湖生态修复和景观提升再次使永定河迸发勃勃生机，西山永定河文化节的顺利开幕使京西山水文化得到传承与升华。石景山区人民坚守绿水青山，打造北京绿色生态建设的"一枝独秀"，推进"品质之城"建设，立志描绘出一幅"山水文化融合的生态宜居示范区"的大美画卷。

本书作为第一部阐述石景山区"西山永定河文化带"的生态变迁历史、生态文化优势以及生态文明建设的理论专著，以四个篇章并加绪论、结语的方式，叙述了山、水、城三者之间的关系及环境变迁历史，诠释了"永定河是北京的母亲河"这一主题；突出描述永定河石景山段在母亲河哺育北京城这一过程中的角色和地位，重点阐述"都门要津"石景山在水利、能源、物产、交通运输等血脉供给上的重要性，以及石景山至卢沟桥这一段永定河东堤对于北京城的关键性安全防护作用；介绍了历史上对永定河的治理包括筑堤、分洪、闸坝、祭祀、巡查等一系列制度与工程方面的建设，以及由此带来的环境效应。历史上对永定河的治理尤其是对石景山至卢沟桥河段东堤的严防死守，切实保护了京城的安全，同时也深远地改变了北京西部的水环境基础，影响至当今北京的水系格局。

近现代以来尤其是进入新时代以后，在习近平新时代中国特色社会主义思想及"两山"理论的指导下，人们逐渐从"人定胜天"、改造自然的思想，转变为"道法自然"，使山、水、林、田、湖、草、沙与人、城、都和谐共生、融为一体的生态文明理念，西山永定河的综合治理也由此迈上了一个新台阶。本书第四章专门阐述了永定河由历史上的丰盈、滋润，如何变得暴戾、干枯，而后经过一系列整治又起死回生、碧波重现的全过程，以其沧桑巨变见证了人类从客观顺应自然到主观改造自然，再到谋求与自然和谐共生的思想转变历程，展示现代生态文明理论的伟大实践成果。作为永定河关键河段区域的石景山区，这十几年来在西山永定河文化带建设方面着力尤重。该章以专节梳理总结了党的十八大以来，关于生态文明的新理念、新纲领如何在石景山区落地、生根、开花、结果，人与自然的关系如何实现由破坏、冲突到重建、和谐的可喜变化。人们可清晰看到，"一轴四园"与"三区"建设等规划的落地成果及山、水、人、城、都"五位一体"、和谐共生的理论实践。石景山区正积极推进落实西山永定河文化带的各项建设规划，致力打造亮丽的生态文化名片，逐步实现蓝绿交织、水城共融的新局面，建设高品质的山水宜居之城、首都美丽的西大门！

西山如画，永定长歌。山河岁月间，石景山的绿色探寻始终前行，复兴梦想从未停歇！锚固生态本底，提升宜居品质，增进民生福祉。在石景山人持续不断的砥砺奋进中，一个天更蓝、山更绿、水更清、景更美、生活更美好的石景山区正向我们走来！

北京市石景山区文化和旅游局

2022 年 11 月

第三章

治理：清泉变浑　从无定到永定

第四章

和谐：从人定胜天到山水人城都一体

结　语

从人地关系晴雨表到生态文明样板河

生态的河 首都的河 文化的河

——认识永定河生态文化价值的三个维度

　　曾经，永定河哺育北京城长大，奠定其政治文化中心地位，造就其独具特色的文脉。

　　一度，由于"超载"发展，生态退化而枯水断流。

　　近年来，扎实推进生态文明建设，古老的母亲河重焕新生！

　　我们该如何面对苏醒的母亲河？在不断发展着的时代引领下，永定河与北京城的关系也在悄然发生改变，她的面貌、影响、价值及区域定位还是一如从前吗？翻越历史展望未来，我们看待永定河的眼光和视角也必须有所变化。从时间、空间以及河与城的关系这三个维度进行思考，将会为我们呈现一条全新的永定河，一条在生态和文化层面上重获生机、活力涌动的河。

一、时间维度上的永定河

(一)历史上的永定河母亲般哺育北京城成长

　　"母亲河"的称号来自历史上她对北京城的贡献：一是她造就的洪积冲积扇平原为北京城的形成和发展提供了优越的地域空间和水土条件；二是她直接和间接地为北京城提供了丰沛水源，是城市的脐带和血脉；三是她与太行山东麓南北大道交会的古渡口构成了北京城原始聚落生成的重要交通条件之一；四是其上游流域的森林、煤矿和岩石、沙砾，在历史上特别是元明清时期为北京的城市建设和城市生活提供了必需的能源和建材；五是其干流和部分河水曾汇入运河，为北京的漕运提供了渠道和运力，助推漕运发展；六是永定河的水利、水害及河道变迁，直接

影响着北京的城市格局和发展方向；七是作为民族交往和文化交流的通道，她孕育了南北交融、包容大气的流域文化，进而为北京政治文化中心地位的确立奠定了基础。①

以上前四项都是就对城的哺育功能而言，永定河就像母亲的脐带一样供养着北京城市的壮大；后三项则更多与北京首都地位的确立有关，在漕运通道、城市水利格局、多民族文化融合等方面，永定河为满足北京的都城功能做出了杰出贡献。

总之，从历史维度看，永定河是北京的母亲河，她奠定了北京的首都地位。

(二)当代永定河因城市更新发展而被唤醒和激活

伴随整个流域的深入开发，明清以后，永定河流域的生态环境被持续破坏，河流水文状况日益恶化。尤其是进入近代以后，沿河筑堤防洪、断河圈水、开采矿产、工业化和城镇化等因素导致流域性的水源减少和污染。从 20 世纪 70 年代以后，永定河干流一度断流，并在 20 世纪末退出了北京城市水源序列——这条河差点儿消失在人们的视野甚至记忆里。

随着 21 世纪以来绿色发展和生态文明理念的深入人心，永定河生态修复工程逐渐开启。尤其是 2020 年，永定河在山西大同接受了来自黄河流域的生态补水，1.75 亿立方米的活水顺上游桑干河注入干涸已久的永定河河床，结束了卢沟桥下游 25 年的断流史，实现了约 170 千米北京段的全线通水。许多市民追着水头沿岸奔走，争睹大河奔流的景观。永定河以山清水秀、碧波荡漾的姿态重新流淌在北京城边，这意味着时隔近

---

① 尹钧科、吴文涛：《永定河与北京》前言，北京出版社，2018 年，第 1—2 页。

半个世纪母亲河的"复活"。

"起死回生"的永定河除了流域空间与历史上对比没有改变外，其他方面多少都有些变化，至少在功能形态及其表述上有了很大不同。诸如：

1. 水资源涵养带

2020 年首次尝试分阶段进行生态补水以通干流。第一阶段补水后就起到了"湿河底、拉河槽、定河型、复生态"的明显生态效益：700 多千米主河道流水汤汤，滋润了沿岸水草、湖泊湿地；大同、张家口、北京段河道两侧地下水水位平均回升 2 米以上[①]，致使干涸多年的泉眼重新喷涌，多种鸟类翔集水面，呈现一派生机勃勃的景象。经后续不断补水后，这一效果更为明显也将更为持久。长此以往，可逐步恢复永定河自身的造血功能，实现常态化全流域通水；并通过河水的下渗进一步回补地下水位，丰润沿岸支流、湿地。因此说，永定河依然是当今和未来首都北京重要的城市水源，其对北京及周边水环境的塑造作用举足轻重，仍应被纳入北京市乃至京津冀地区的战略水源。

2. 交通要道、能源供给

一方面，永定河历史上的通航、渡口等功能已经被现代化的火车、飞机等取代，能源、建材方面也有了很多的替代。尤其出于生态保护的压力，永定河上游地区曾经的乱砍滥伐、挖煤采矿等必须停止。另一方面，作为清洁能源主力的风能、太阳能、氢能等，在永定河上游地区有着得天独厚的资源优势，是新型能源的富集区，依然发挥着京津冀能源输送主动脉的作用。

---

① 孙国升：《推进流域治理一体化，建设幸福永定河》，"永定河投资"公众号，2020 年 10 月 12 日。

3. 区域生态景观与发展格局

随着科技的发展，当今水利建设和防洪水平大为提高，但永定河的水害依然存在，它对城市格局的影响依然很大，防洪抗灾的弦必须绷紧。同时，现代人对河流有一种天然的亲近欲，河流的景观功能和生态作用越来越被重视和强调，它直接影响着城市的面貌，引导着沿岸产业布局和发展格局。尤其在"绿水青山就是金山银山"的生态文明理念中，绿水青山的生态价值和可持续效益得到了人们更多的珍惜和关注。如果有朝一日，永定河以其宽阔、清洁、美丽的大河形象，穿行流淌于京津冀晋蒙的大地上，那对沿岸景观、人气、物流的带动作用将是多么巨大！有水则活，有水则兴，永定河依然是影响北京城乃至京津冀地区发展格局的重要河流，其流域也将成为京津冀主要功能区的发展轴。

4. 历史文化纽带

永定河流域的文化作用与价值，在今天看来则更显深厚与重要。历经万年，永定河见证了中华民族融合发展的历史进程，展现了各个历史时期不同民族文化发展的成果精髓。从上游到下游，从远古到当今，文脉绵长，延续不断，已积淀成一条文化的河、一条连通京津冀晋蒙灿烂文明的文化纽带。流域内文化形态丰富，文化遗产和风景名胜众多，文物价值等级高，仅北京就有世界文化遗产，国家级、市级等各级文物保护单位 400 余处。多民族文化元素交融、演变的印迹明显，流域文化具有历史悠久、内涵丰富、包容大气、底蕴厚重的特点，呈现中华民族文化走廊的恢宏气象，特别有利于打造集群化、线路化、主题化、标识化的文化景观带。在当下实施京津冀协同发展战略的背景下，这条大文化带的连带作用变得更加切实而深远。

（三）未来永定河的价值和功能将上升到国家战略层面

历史上，北京城市性质和功能的变化对永定河流域的资源承载状况起到了决定性的影响作用。今后永定河的治理规划，也还是要紧紧围绕首都北京的发展需求，从首都发展的核心功能和流域生态的可持续利用两个方面，促成人与自然、水与都城的和谐共生。在资源流动、信息共享的互联网时代，原有的区域概念、区域内的发展平衡将不断被打破，永定河的功能与定位也应从更大格局、更高层面上去考虑。

前述永定河"复活"后所起到的作用和产生的生态效益中已经包含了永定河流域未来的发展方向：京津冀地区的水源涵养带、能源输送大动脉、主要功能发展轴以及体现中华民族历史文化的文化景观带等，这些都是关系到首都发展格局和国家战略层面的事情，无疑具有更为高远广阔的功能定位。

未来，站在国家层面，要把永定河放到首都圈乃至更广的范围来看（包括与黄河、潮白河等的相互连通）。以流域为轴线，在主抓生态涵养和生态修复的同时，加强文化资源的整合利用，推进京津冀晋蒙的文化联系，夯实区域协同的文化基础，为实现全流域生态保护和可持续发展提供长远动力，为首都北京的长足发展提供广阔而纵深的环境支持和人文支撑。

二、空间维度上的永定河

从河流与城市发生关系的空间维度看，永定河的空间维度分四个圈层：蓟城、都城、首都、首都圈。

（一）蓟城时期

这个时期可以说是永定河与北京关系最为亲密的历史时期，永定河开枝散叶地分流于蓟城南北，哺育灌溉着城市发展。蓟城对永定河的利用是直接的、就近的，而且引水、用水主要发生在三家店出山口到卢沟桥渡口这一段干流上，就像从母亲河的胸膛、躯干上汲取水源。

从商周蓟城，到战国燕都、唐幽州城、辽南京城、金中都城，其实都是由蓟城在同一地点发展起来的不同阶段的城市，其中心位置就在今西城区广安门一带。魏晋以前，水量巨大的古永定河流出西山之后，在北京平原西北高、东南低的地势引导下，发生河流改道或者分汊漫流、多股并存的情况是很正常的，而此期间的蓟城因洪水影响虽有东西方向上的迁移，但大体处于稳定状态，见证了永定河南北分汊、迁摆和改道的历史。

蓟城是凭借蓟丘这个高地而修建的，它正好位于高梁水和㶟水两条分汊河谷之间夹着的一条冲积扇扇脊上，地势较高。而丘下正是永定河冲积扇的潜水溢出带，绿野平畴，流泉萦绕，湖塘相间。北魏郦道元《水经注·㶟水》篇所记载的城西之大湖（今莲花池所在位置），就是由蓟城西北一带的永定河地下水涌出汇流而成的。在莲花池水系的哺育下，从蓟城到隋唐幽州、辽南京、金中都，都是在这同一城址上发展壮大。

特别值得注意的是，《水经注·㶟水》篇里还明确记载，"㶟水自南出山，谓之清泉河"，也就是古永定河出西山后流经蓟城以南的这条㶟水又被称作清泉河。"清泉至潞，所在枝分，更为微津，散漫难寻故也"，描述了北魏时期㶟水下游表现为多条分支漫流的状况。西晋发生"八王之乱"时，成都王司马颖密令右司马和演，设法杀死都督幽州诸军事的王浚，

"于是与浚期游蓟城南清泉水上"①，也是指的这一段河流。事实上，"清泉河"的名称一直延续到隋唐时期，这说明了永定河在相当长的历史阶段水量丰沛而稳定，水质清澈而干净，河流的含沙量较小。

由于水量丰沛，永定河流域（尤其是中下游区域）在历史上属于开发较早、农业较发达地区。自古以来，人们因地制宜，创造出很多种引水灌溉的方式，留下了丰富的农田水利建设经验和文化遗产。

北京历史上第一个大规模引永定河水灌溉土地的水利工程，是三国时期魏镇北将军刘靖在今石景山脚下创修的戾陵堰与车箱渠。修建了戾陵堰与车箱渠之后，在刘靖管辖范围内，每年灌溉水田二千顷，由此受益的土地达一百多万亩。从曹魏至西晋间，利用戾陵堰与车箱渠引古永定河水灌溉蓟城以北广阔的土地，持续获益达数十年之久。晋室南渡之后，这一大型水利工程一度因战乱失修而废毁。但北魏时的裴延儁、北齐时斛律羡执政幽州时又都曾有复修扩建，他们导引高梁水，并使其北与易京水（即温榆河）合，东注潞水（白河），不仅利用了原车箱渠故道，而且进一步发展了这一古老的灌溉工程。此后，在永定河沿岸引水灌溉土地、种植水稻也多有成功之例。正是由于古永定河水的滋润，蓟城周边的农业得以持续发展，为蓟城的驻军和居民提供了物质保障，使得蓟城这个军事重镇和行政中心逐步繁荣兴盛起来，直至金朝时成为中国北方的都城——金中都。

（二）都城时期

这一时期河流和城市的关系可以比喻为"相爱相杀"。一方面，都城

---

① 《晋书》卷三十九《王浚传》，中华书局，1974年。

对永定河全面开发利用的程度越来越高；另一方面，河流对都城的洪涝威胁加大，城市对河流的防御加强。而且无论是利用还是防范，两者交互作用的岸线从上游延伸到下游。

1. 城市水源范围从莲花池延伸到高粱河与西山水脉

金中都在北京城市发展史上有着明显的承上启下、转承过渡的作用，尤其在水源利用和城市水系布局方面，表现得更为直接和突出。永定河对北京城的影响和作用，从这时起也开始发生某种改变。

北京城从一个地方藩镇上升成为王朝首都之后，面临的首要问题就是城市规模扩大、人口增加、消费增长以及对区域环境资源的进一步开发和利用。金中都城虽然仍在原蓟城的位置上发展，除城区范围有所扩展，城市基址没有变，城市水源也主要依赖西湖（莲花池）和洗马沟水系。但是，这一水系渐渐不能满足城市发展的需求。于是，金朝把寻找水源的视野向北拓展到了西山脚下和高粱河水系。金朝人的重要改造工程就是开挖今天被称为南长河的河道把西山脚下的玉泉水系与高粱河连接起来，从而沟通金中都的城池和各处苑囿，构成了一个超出中都城范围而又相互关联、补充的新水系格局。原本，曾为永定河故道的高粱河在金代时已经失去了永定河干流的灌注，但由于金朝人的改造，又使这条河道重新焕发了生机，续接了新的水源，这就为元大都迁址高粱河畔奠定了基础，也为后来北京的城市水系开辟了新的格局，使西山水脉成为北京城的水源主导。

2. 水利灌溉和农业开垦在永定河流域全面铺开

进入都城时代后，人口增加，农业发展需求更旺，农田水利建设更加频繁，规模也越来越大。引水灌溉的范围大大增加，如延庆地区，明代引用永定河支流和泉水灌溉农田，取得了很好的成绩；大兴地区利用永定河故道移民垦荒；等等。山间谷地、山麓地带或盆地边缘的泉水，也是永定河水系的组成部分。北京城西南郊历来多泉，有了泉水的滋润，这一地区养花、种稻、修建园林等盛极一时，如丰台养花业的兴盛和南苑一带从皇家苑囿到农副产业基地的变化，都与永定河的变迁有关。

3. 航运漕运的需求让永定河和北运河"牵手"

隋唐时期，就曾利用清泉河（大致即今凉水河的河道）行船转运军粮，修永济渠行漕运也是利用了一部分桑乾河的河道。建都之后，漕运的重要性日益突出，利用永定河的水力顺理成章。金元时期曾三次尝试开凿金口河，引永定河水沟通北运河；元明时期永定河的北派之水仍旧是流至张家湾附近汇入白河的，成为北运河水力的重要补充。这些都是永定河为千年漕运所做的切实贡献。

4. 流域丰富的森林矿产为北京城提供建材和能源

辽金以后，北京成为都城，城市规模日益扩大，城市建设和居民生活对附近森林、矿产和土地的需求不断增长，同时，带动了永定河上下游流域的深入开发。典型的如金太宗天会十三年（1135 年）那次，"兴燕云两路夫四十万人之蔚州交牙山，采木为筏，由唐河及开创河道，运至雄州之北虎州造战船，欲由海道入侵江南"①。一次调集 40 万人到蔚州伐木，这是多么大规模的森林砍伐！元代，地处永定河中上游的蔚州、定安、凡山（今矾山）、宛平等州县都设有采山提领所、山场采木提领所、采木提举司之类的机构，专门掌管采伐木材、石料及烧炭。明清时期，

---

① 《大金国志》卷九，《大金国志校证》本，中华书局，1986 年。

西山、北山等周边山林中也有类似专管伐薪烧炭的机构设置。如，朱国桢《涌幢小品》记载："昔成祖重修三殿，有巨木出于卢沟"①。

以上是都城对永定河的依赖，是与河"相爱"的一面。北京作为几个王朝的都城，无论在水源、漕运、城市建设、居民生活还是在皇家苑囿的装点美化等方面，都依赖着永定河源源不断的贡献。可以说，永定河哺育了北京的壮大，更成就了北京的辉煌。

但同时，依赖过度的一面也开始显现出来。"大都出，西山兀"，伴随着人口增加和都城扩建，农耕区域不断向草原山林突进；永定河上游的茂密森林长期以来被北京城持续而有组织地开采着，再加上元明清越来越规模化的煤炭资源的挖掘和农耕用地向山林区域的开拓，永定河中上游流域的森林植被遭到了持续破坏，加剧了水土流失。曾经苍翠、丰润，充满青春活力的永定河，在为北京城的发展贡献了全部以后，也逐渐陷入衰退、"伤病"状态，呈现生态退化、河性改变、水灾增加的趋势。历史上的"清泉河"变成了"浑河""小黄河""无定河"，河水挟沙卷土，冲阻激荡，易淤易决，迁徙无常，给北京城及流域村庄带来了极大危害。因而，为北京城安全计，元、明、清历代王朝都很重视对永定河的治理，尤其是永定河之石景山至卢沟桥以下"北京段"的筑堤防洪，被视为京畿事务之要。元、明、清各朝全力修筑永定河大堤，致力于将滚滚洪流赶离京城。持续不断的堤防加筑和河道固化，保护了北京城的安全，但对北京段及其下游流域环境也造成了深远影响。它杜绝了永定河出山后流向东部平原的可能，使原本涵养京城水源的几条永定河故道由此出现水

---

① ［明］朱国桢：《涌幢小品》卷四《神木》，中华书局，1959年。

体萎缩、湖泊湮废、地下水位下降、水质恶化等问题，导致北京城的水源格局发生根本改变，城市发展空间被迫朝东北方向转移；而泥沙淤积等致灾因子继续向下游地区延伸，淤平了其下游华北平原中部诸多的湖沼湿地。

这一时期，北京城对永定河的索取延伸到了中上游，开发力度深入到流域的毛细血管和水土涵养层。而把灾害因子推进、传递到下游，引发了下游频繁的水患水灾。

（三）首都和首都圈：濒死干涸到起死回生，再到全流域文化带建设

1949 年中华人民共和国成立，标志着北京迈入了一个崭新的时代。此后迄今，北京在周边森林绿化、植被保护、河道整治、水库建设以及其他环保、水利事业方面，都取得了前所未有的巨大成就。其中，永定河的治理，关系到城市生态安全与防洪、供水的大局，依然是北京地区水利事业的重点之一。为约束浑流、消除洪患和利用水力发电，自 1951 年开始修建官厅水库以来，又陆续在干支流建起了大大小小的各级水库以及永定河防洪蓄水枢纽工程。经过这一系列建设和整治，永定河的滔滔洪水被有效地遏制，自 1958 年以后，干流基本没有发生过大的洪水。永定河实现了真正的安澜永定，并为北京城的供水供电发挥了显著效益。

但永定河很快又被新的危机困扰。20 世纪 70 年代后，由于上游地区工农业和采矿业的发展，人口增加，植被退化，用水剧增；加之气候持续干旱，降雨稀少，致使上游来水不断减少，永定河三家店以下常年断流。干涸的河床形成"风廊"，曾是危害北京的五大风沙源之一。再加上污染问题，永定河退出了北京城市水源序列，使原本缺水的北京更加干渴。

进入 21 世纪，生态文明思想深入人心，人们认识到这条母亲河的重要性，开始关注永定河的生态修复和文化建设，从而推动了永定河流域的生态治理，开启了永定河见水见绿的重生之路。北京市自 2006 年为打造"绿色北京"进行的系列环境保护与修复工程和 2009 年开始实施的"五湖一线"治理工程，切实改善了西部山区和永定河北京段的景观风貌，但还属于局部的改善，永定河流域的整体环境退化仍没有根本改变。随着京津冀协同发展国家战略的实施，对西山和永定河的治理才进入了一个更加全面和深入的新时期。

2016 年是落实《京津冀协同发展规划纲要》的重要一年，也是永定河综合治理与生态修复工作启动之年。该年底，国家发改委、水利部、国家林业局联合印发了《永定河综合治理与生态修复总体方案》（以下简称《总体方案》）。这份针对永定河的方案，是北方首个跨省市系统治理河道的文件。按照《总体方案》，国家计划投资 370 亿元着力解决永定河水资源过度开发、水环境承载力差、污染严重、河道断流、生态系统退化、河道行洪能力不足等突出问题，将永定河水系恢复为"流动的河、绿色的河、清洁的河、安全的河"。2017 年 9 月正式发布的《北京城市总体规划（2016 年—2035 年）》中，又进一步明确地将大运河文化带、长城文化带和西山永定河文化带作为北京历史文化名城保护体系的重要内容①。其中，规划建设西山永定河文化带的总体目标是，实现文物保护与生态保护、旅游发展、文化建设的结合，全面保护、传承、利用好山好水的自然资源和各类历史文化资源，涵养生态环境，打造标志性文化品牌，为

---

① 北京市人民政府，http：//www.beijing.gov.cn/gongkai/guihua/wngh/cqgh/201907/t20190701_100008.html。

京津冀协同发展搭建深度交融的桥梁，为首都建设全国文化中心注入独特的文化内涵。

也就是说，从空间维度看，伴随着北京城市地位的提升，永定河的河道、河性以及河流负载的功能作用都经历了沧桑巨变，而北京城与永定河发生交互影响的空间范围也从干流河段扩展到全流域。永定河文化的内涵也由北京的母亲河扩展到首都的文脉、京津冀晋蒙（或者说首都圈）的协同发展轴。

三、河与城的关系维度

永定河与北京城之间存在着一种内在的逻辑关联和相互作用，它们的关系是辩证的。这表现在：一方面，永定河为城市提供供给、便利，如水源、水利、水力、物产、交通等；另一方面，城市的扩张对永定河流域空间的不断侵蚀、对其走向的过度干预所带来的改道、水灾、泥沙、污染之类的问题，对城市发展也构成了严重破坏和威胁。

时间和空间两个维度的分析也很具体地呈现了两者间的作用与反作用，总体来说，随着永定河与北京城的关系越来越紧密，人类对它的依赖和人工改造越来越多，利用和破坏的程度也在加深。河流的自然属性、原生面貌渐渐消失，由此而来的反作用力渐渐增强，与人类需求的冲突日益显现，而这种冲突主要体现在灾害的频繁发生和流域生态环境的退化上。在人与水、河与城的关系上，历史时期人们对自然的认识存在局限，主要以征服水、治理水而使其为人所用的思想主导，导致既有成功的经验，也有无法解决的困境和值得吸取的教训。

正是河与城的这种相互关系随着北京历史发展的进程长期胶着、沉淀，由此还产生了另一层面的结果，那就是流域文化的积淀和传播——

构成了一条天然的文化纽带。河给城带来了文化交流，城给河增添了文化底蕴。

永定河因为跨越了晋北高原与华北平原两大地理单元，沿途经过畜牧与农耕两类经济区域，河谷地带自古以来就是南北民族交往的通道、各种文化交汇的走廊。流域内泥河湾、北京猿人、新洞人、许家窑人、山顶洞人、峙峪人、东胡林人等系列史前文化遗址的发现，近乎完整地记录着中国华北地区人类文化的起源，是一条不断线的"东方文明起源谷、中华文化发祥地"。而中国多民族国家统一过程中的一连串问题，也最集中地反映在这里①：在先秦、秦汉时期，既为秦晋文化与燕赵文化的沟通要道，更是西北草原民族进入中原的必经之路；从南北朝到辽金元明清，许多民族冲突与融合的历史"重头戏"也都在这个舞台上演。从传说时期的阪泉之战、涿鹿之战，到历史时期的白登山之围、安史之乱、高梁河战役、野狐岭之战、"土木之变"等，再到抗日战争及解放战争的主战场，这里既迭现着刀光剑影、悲壮雄浑的战争场景，也曾有修筑长城、驻军屯田、移民实边、设置榷场等"五民杂处"、互通有无的和平景象和草原丝绸之路的繁荣。正是这种边界和拉锯地带的文化碰撞，促成了北京这个新的政治文化中心。除了北京，流域内还有大同、涿鹿、代王城、元中都等众多的古都、古城、古堡、古村落，上溯炎黄及至当代，直观地反映了中华民族融合发展与都城变迁的历史轨迹和首都北京的成长历程。无论是有关水利和水害的趋避、改造，还是在河流两岸自然发生的各种社会形态，都最终在流域文化上予以了体现。从演进空间和发

---

① 苏秉琦：《中国文明起源新探》，生活·读书·新知三联书店，1999年，第51页。

展脉络来看，永定河沿岸各区域因地缘相接、人缘相亲、商路相连、文脉相通，天然构成了一条具有鲜明的民族融合特色的大文化带。借助于它的文化输送，首都北京成为首善之区，拥有了强大的文化包容性、代表性、凝聚力和影响力。

由以上三个维度考察从古到今永定河的历史，我们可以很清晰地看到三个关键词：生态、首都、文化。这也是永定河随城市变迁，又随时代复活这一进程中显现出来的发展主题：立足生态，服务首都，引领文化，面向未来！

四、永定河与石景山的生态文化名片

广义的"文化"，是人类历史上创造的物质财富与精神财富的总和；狭义的"文化"，仅指其中的精神财富。而生态文化，是人类历史上为适应、改造、利用生态环境所进行的文化创造的总和，其中包括物质文化与精神文化两大类。生态文化中的物质文化，包括各类劳动成果或者它们的遗存，如水利工程（或其遗迹）、被改造过的土地（如梯田、耕地）、被砍伐或恢复的森林，等等。生态文化中的精神文化，指人们在历史上形成的关于生态环境的思想观念，其中既有对人地关系的抽象认识（如古今的天人合一、道法自然、因果报应、人定胜天等），也有对具体环境问题的认识（如区域地理特征，各种自然或人文因素的时空特征、演变规律等），更有人类如何改造利用环境以求生存和发展的各类社会实践经验的总结（如修水渠、改造盐碱地、开挖引河、筑堤防洪等），由此构成了人类文化的重要组成部分。

文化是人类创造的物质财富与精神财富，人类的活动是文化形成与积累的原动力，人是文化的创造者。因此，离开了人类活动，文化就无从谈起。认识文化的形成、演变、特征、作用等，都需要从人与自然、人与社会(也就是人与环境)的相互关系(相互作用、相互影响)来考察。考察的视角无非是要揭示时间维度(或贯穿古今，或自某某时期以来)上的历史过程(基本进展、重大事件、大致规律等)、空间维度(某个尺度或大或小的地理范围)上的总体特征与内部差异。总之，生态文化的创造，是历史上人类活动的过程及其结果的累积。

至于"生态文明"，抛开考古学专用的定义不论，一般而言，文明也是文化，比如物质文明、精神文明。但是，文明更多的是指社会发展到某个较高阶段(或层次)之后的总体的文化，如中华文明、希腊文明。因此，文化更具体、所指范围或对象更小，文明更抽象、更宏观、更侧重于精神或制度方面。或许我们可以说，一个地域(或国家)的生态文化，如果积累到数量比较丰富、形态相对稳定、传统相对悠久、社会心理普遍认同、国家制度有意识地予以保障的程度，那就上升为更加具有文化传统的生态文明了。

基于以上认识，我们打造"永定河生态文化名片"，是生态文明建设的基础工作，是以促进生态文明建设为目标的具体行动，后者是把若干个前者包括在内的总体的大目标，也是一个个前者行动结果的总和。换言之，行动上：是一回事(没有离开具体行动的生态文明建设)；层次上：一高、一低；逻辑上：一部分、一整体，一出发、一归宿。

石景山区虽面积不大，地域狭小，但"东临帝阙，西濒浑河"，左手一指北京城，右手一指永定河，扼守着永定河的出山口和首都西大门，在永定河与北京的生态文化关系上，在首都生态文明建设的宏大主题中，拥有绝无仅有的独特地位和作用！

(一)浅山低地半依城

我们一般笼统地说，永定河冲出门头沟三家店后进入华北平原的北端，塑造了北京小平原。事实上，三家店到石景山一带仍属山区，过了石景山才是广阔的平原。在地理上，它把守着出入西山的门户，是"北京山区与平原的转折点"。又由于是离城区最近的山区，丘陵间沟谷纵横，交通便利，水土丰腴，因而较早地承接了大自然的天时地利，造就了一方文明；山水资源和城市的人文资源天然紧密的结合，形成了独特的自然景观和历史人文资源优势。

(二)孤峰照水立扇轴

永定河冲出三家店后就遇到石景山一带低山的阻挡而开始分汊流向平原。就像一把折扇的扇柄，这里成为永定河冲积扇的轴心，其地标作用和文化标志意义首屈一指，被称为"永定河要冲"，也是历史上俯瞰北京城和永定河水势的最佳位置。元朝定都北京，郭守敬曾实地考察永定河，确定了"上可以致西山之利，下可以广京畿之漕"的引水济漕方案；明武宗朱厚照登基以后，到石景山举行祭祀仪式；明神宗朱翊钧巡视永定河，在石景山绝壁上题下"灵根古柏"四字；康熙巡视永定河大堤，在此定下"永定河"的名字，并写下多首御制诗篇。石景山的著名景观"孤峰远眺"，也因其独特的视野而青史留名。之所以成为如此重要的文化节点，不仅是因为资源丰富，更在于其地理位置的辐射力和文化效应的示范性。

(三)趋利避害水之门

地理位置上的特殊性，决定了石景山附近是永定河水利工程的最佳选址地点。三国时期刘靖选在金口(原石景山发电厂内)引水，编织竹笼堆积为透水的滚水坝——戾陵堰，既提高了水位又便于防洪，修车箱渠引水向东灌溉良田，效果显著。金、元两代都曾开金口河，一是为接通东边的运河方便漕运，二是为运输西山木、石、煤炭供应都城建设。取水口在石景山的麻峪附近，引水渠和金口闸门就在石景山和四平山—黑头山之间的地形垭口上。就水利而言，石景山金口、麻峪一带的水利工程不失为当代意义上的"水利之门"；就防备水害而言，又不失为维护首都的"安全之闸"。明清以后，从河水随地漫流到筑堤防洪、决溢频发，是人口增多、人与水"争地"的结果。而为北京城安全计修筑的金汤之堤也是以石景山为西端点。

（四）木石火电入京城

石景山是北京城向西进入山区的起点，永定河谷则是南北文化交流的重要通道。依山傍水的地理优势造就了这里曾是京城的"物流之门"与"能源之门"。永定河北岸的村落养马场，明代称"杨木厂"。京城（宫廷、府衙）所需木柴的一部分，取自永定河上游的蔚县等地，顺水漂流下来，至此拉上岸储存，之后运进京城。庞村、衙门口、模式口等也都是这样的物流集散中心。

近代后，首钢和石景山发电厂等一批现代能源工业企业进驻此地，石景山遂以"北京能源供应基地""北京重工业基地"而著称。由于北京城市更新发展的需要，在2008年奥运会和2022年冬奥会的契机推动下，传统的能源工业基地实现了向科技创新和文化创意产业的转型。

（五）山水人城和为魂

纵观历史，可以说，大西山和永定河的交会为石景山区留下了丰富的生态文化遗产，奠定了良好的生态文明基底——这是石景山"永定河生态文化名片"所拥有的天然底色。

进入 21 世纪以后，在科学发展观及"两山"理论指导下，历史上那种改造自然、"人定胜天"的思想，逐渐转变为"道法自然"，山水人城都"五位一体"、和谐共生的生态文明理念，西山永定河的生态建设由此迈上了一个新台阶。"一半山水一半城"的石景山区更是积极推进西山永定河文化带的系列规划，致力打造新时代生态文化名片，落实蓝绿交织、水城共融的生态文化建设目标，为建设高品质的山水宜居之城、美丽的首都西大门而奋斗。

伴随首都发展规划新蓝图的徐徐展开，石景山区坚持以首都发展为统领、主动融入首都发展新格局，认真落实《北京城市总体规划（2016—2035 年）》的要求，致力于把本区建设为国家级产业转型发展示范区、绿色低碳的首都西部综合服务区、山水文化融合的生态宜居示范区。2022年北京冬奥会（冬残奥会）的举办和首钢搬迁后打造"一起向未来"的城市复兴新地标，这两件大事为石景山区提供了难得的发展机遇，为其实现产业转型和城市更新开启了关键动能。在城市更新的过程中，"生态优先、绿色发展"始终是石景山区坚持恪守的理念。依托"山、河、轴、链、园"生态体系，整合山体、森林、河流、绿地等生态要素，高标准建设依山、带水、环城的山水绿链，扎实做好百万亩造林绿化，建成西长安街城市森林公园群，在全市率先实现公园绿地 500 米服务半径基本全覆盖，城市绿化覆盖率由 51.3％提高到 52.42％①，有效夯实了绿色基底，助力创建国家森林城市。2022 年 11 月初，国家林业和草原局发布《关于授予

---

① 石景山区融媒体中心：《石景山喜迎党的二十大成就展（3）山水融城 扮靓首都西大门》，https：//baijiahao.baidu.com/s？id＝1746103606224672530&wfr＝spider&for＝pc。

北京石景山等 26 个城市"国家森林城市"称号的决定》，石景山区在北京中心城区中率先成功入围。"森林石景山，生态复兴城"，正在成为北京各区转型发展中的样板，为首都生态宜居的城市风貌增添其特有的山水人文板块。

为深入推进西山永定河文化带的保护与建设，石景山区发布实施了《西山永定河文化带保护发展规划》和《西山永定河文化带保护发展五年行动计划》，已成功举办了两届"西山永定河文化节"。如今的石景山，可谓：百年风华山河永定，盛世华章高炉上演；千年驼铃古道老街，推陈出新模式典范；古刹名寺岂止八大处，秀庐雅居棋布山水间。

一颗西山永定河文化带上的璀璨明珠在永定河畔石景山下熠熠生辉，一道挺拔、秀丽、开放、安全、坚固的首都"文明之门""福祉之门"在京西大地上巍然耸立。

孕育：
雄山大河　托起千年古城

　　北京西部山地总称为西山，属于太行山脉最北段，与燕山山脉相连，在太行山脉中被视作"太行之首"，古人认为西山地势"强形钜势，争奇拥翠，云从星拱"，"千峰万壑，积素凝华，若图画然"。因此西山被誉为"神京右臂"，拱卫着北京城。西山连同穿越其间的交通孔道，历来是北京构筑军事防线的天然屏障与险关要隘。西山作为北京西部地区重要的生态屏障，为早期城市出现提供了良好的地理环境，护佑着原始聚落的发展。包含西山在内的太行山前地带，是北京小平原的拓荒者涉足的交通要道。西山生态环境良好，历史底蕴绵长，文化资源丰富，文化类型多样。

　　人们常说："先有永定河，后有北京城。"作为北京城的母亲河，永定河造就的洪积冲积扇平原为北京城的形成和发展提供了优越的地域空间和水土条件。永定河直接或间接地为北京城提供了丰沛水源，哺育着城市的发展和壮大。永定河中上游流域的森林、煤矿和岩石、沙砾，在历史上特别是元明清时期，为北京的城市建设和城市生活提供着必需的能源和建材；永定河干流和部分河水曾汇入运河，为北京的漕运提供了渠道和运力，助推漕运发展；永定河的水利、水害及河道变迁，直接影响着北京的城市格局和发展方向。作为民族交往和文化交流的通道，永定河孕育了南北交融、包容大气的流域文化①，为北京政治文化中心地位的

_____

① 尹钧科、吴文涛：《永定河与北京》，北京出版社，2018年，第1—2页。

确立奠定了基础。

　　大西山如父，永定河为母，共同书写了中华文明史和流域发展史的精彩华章。大西山南北、永定河两岸山相依，水同源，文一脉，孕育了悠久的历史文化，留下了众多与中华民族发展命脉息息相关的文化资源。其中，西山山脉在石景山区的多座山峰蕴藏着丰富的历史文脉，而永定河石景山段则在哺育早期北京城这一过程中担当了极其重要的角色，具有特别突出的地位。

第一节　滨水山地，和合天成

　　"永定河，出西山，碧水环绕北京湾。"一首《卢沟谣》，道出了西山、永定河与北京城的密切关系。如果将永定河比作哺育北京城的母亲，西山则是护佑北京城的父亲。穿越西山的永定河挟带巨量泥沙，塑造了水甘土厚的"北京小平原"。南北向延展的西山与自西北向东南流淌的永定河，构成了山水交互的天然形胜，共同为中华文明波澜壮阔的史诗大剧提供了广阔舞台，也为北京的建都伟业奠定了地理基础。

一、北京地区生态环境特征

　　区域自然环境是人类通过多种形式的活动去开创历史的舞台，作为地理格局基本骨架的自然山川更是天然形胜，受到古人重视。现代地理学意义上的生态环境，一般包含研究对象的地理位置、地貌特征、河湖水系、气候状况、土壤植被等。评述西山、永定河对北京地区的重要性，首先要从整体上认识北京自然地理环境的特点。

"左环沧海，右拥太行，北枕居庸，南襟河济，形胜甲于天下，诚天府之国也"，这是清代于敏中所著的《日下旧闻考》卷五《形胜篇》中对北京地理形势的评述。在中国地形版图中，北京地区跨越了我国地形"三级阶梯"中的第二级与第三级。在北京的西、北、东北三个方向，都有山区分布，分别从属于太行山脉和燕山山脉。北京的东部、南部属于华北平原的西北隅，北京的整体地形呈现出西北高、东南低的特点，山区面积约占全市面积的62%，平原地区海拔基本在50米以下。地势由西北向东南倾斜，最低点海拔仅8米，最高点与最低点的相对高度差达2295米。北京市北部燕山山脉与西部太行山脉的分界点，大致为昌平南口西北的关沟。北京地区山地边缘有一系列山前断陷盆地，主要分布在军都山南缘，包括燕落盆地、十三陵盆地、平谷盆地等。永定河、潮白河、大石河等大小河流将山区剥蚀的物质携带到山外下沉、堆积，塑造形成今日的北京平原。其中，永定河冲积扇面积最广，北京城就位于永定河冲积扇的脊部。太行山沿北京西部向南蜿蜒与开阔的华北平原相连，北京市境内的平原部分就位于华北平原的北端。

北京地区的地形地貌是由地质时期的燕山运动所造成的。从白垩纪初开始，北京地区就进入了地质史发展的新阶段。北部的昌平、延庆、密云、怀柔、平谷等山地自下古生界以来长期抬升，山地走向以东西为主，外形上呈断块状，少有连绵的山脉，而且有大小的山间盆地分布。

027

山地与平原的分界线明显而规则。西部门头沟、房山、海淀山地则属于古生界、中生界，有一定幅度的下沉，同时接受沉积物而较为凹陷。西部山地是较为柔性的凹陷部分，因造山运动，岩层褶皱成为许多条状排列的山脊，形成较高的山峰。北京西部山地的形成过程与特性影响了永定河流入北京平原的过程与结果。

北京市境内河流众多，从属于海河流域的五大水系。西部为大清河水系、永定河水系，东部为潮白河水系和蓟运河水系，中部为温榆河水系。只有温榆河水系发源于本市昌平山区，其他四大水系均来自北京地区以外，属过境河流。这些河流总的流向是自西北向东南，河流上游多在北京的深山区，支流较多，坡陡流急。山前迎风坡为本市多雨地区，水量较多。河流的下游在平原地区分支减少，造成汛期洪水量大而形成泛溢，河床受冲击变得宽阔。中华人民共和国成立后，经过整治海河、修建水库和引水渠等工程，平原地区的河流走向已发生诸多变化，形成了比较完善的河湖水网系统。

北京的气候属暖温带半湿润半干旱季风气候，主要特点是四季分明。春季短暂干旱，夏季炎热多雨，秋季天高气爽，冬季寒冷干燥。风向有明显的季节变化，冬季盛行西北风，夏季盛行东南风。山地高峰与平原之间，由于海拔相对高差悬殊，加以地形地貌的复杂，形成明显的气候垂直地带性。以海拔 800 米左右为界，此界以下为暖温带半湿润季风气候，此界以上为温带半湿润半干旱季风气候，在 1600 米以上为寒温带半湿润湿润季风气候。北京地区的降水量除受大气环流影响外，还受地形的影响。全市年平均降水量在 470—600 毫米，降雨集中地域沿燕山及西山迎风坡分布。雨热同期的特点极易形成夏季洪水，历史上的永定河水患多与夏季洪水有关。

北京市境内土壤和植被分布与地形起伏关系密切。地势由高到低，土壤分别为山地草甸土、山地棕壤、褐土、潮土、沼泽土、水稻土和风砂土7类。褐土分布最广，是海拔40米以上山麓平原的主要分布土壤。褐土肥力深厚，土质松软，极易被水流冲刷形成水土流失。在永定河古河道两侧则分布着河流沙质沉积物，沉积物由风力搬运堆积而成。北京境内地形复杂，生态环境多样，因此植被种类丰富，植被类型多样，并且有明显的垂直分布规律。同时，由于北京开发历史悠久，人类活动对植被的结构和分布产生了深刻的影响。北京的平原地区，由于农业生产历史悠久，大部分地区已成为农田和城镇，原始植被已无任何痕迹。与土壤、植被相适应，燕山山脉以南以农业为经济支柱，燕山以北则形成了一条农牧交错地带，经济形式以游牧性质的畜牧业为主。

燕山与西山是北京平原地区的军事屏障，也是兵家必争的交通要道。先秦两汉时期在燕山、西山一线修筑的内长城，是农耕、游牧两种经济形式的天然阻隔与中原政权的军事防线。蓟城（幽州）扼守着华北平原北部的门户，是中原政权强盛时期经略北方的基地，也是防御北方游牧部族入侵、双方激烈争夺的军事重镇。当南北方各民族和平相处时，这里就变成了经济文化交流融合的中心。在地形条件限制下，位于太行山东麓的南北大道，沟通了历史上的北京与中原地区的联系。由蓟城出发，向西北穿越太行山与燕山分界的军都陉（即今居庸关关沟），可达河北张家口坝上、山西大同雁北地区及内蒙古高原；向北穿越密云古北口等长城关口，是燕山南北相互往来的重要孔道；向东经过燕山南麓大道转向山海关，能够经辽东走廊抵达东北平原。这几条干道构成了北京地区陆上交通网络的基本骨架，它们经行山脉时形成的险关要隘历来是兵家必争之地。

西山与永定河是北京自然地理环境的重要组成部分，漫长的地质演变也在不断塑造着北京的地理环境。西山山脉地势落差大，多山间谷地，永定河穿行其间，将大量碎石、沙砾携带而出，倾洒在出山口、山麓平原、低地平原，是形成北京平原地貌的主要推动力量。西山从西侧护卫着北京城，永定河将肥沃的土壤带给北京城，它们携手成就了北京延续不断的历史文脉。

二、永定河的生态塑造与北京湾的形成

永定河在北京的流域面积为 3105 平方千米，占全市总面积的 18.9%，其中山区流域面积为 2453 平方千米，主要分布在延庆和门头沟境内。永定河自官厅水库向下，山坡陡峭，谷深岸窄，两岸山势雄伟，河水在峡谷中迂回前进，自然落差 340 多米，水流湍急。永定河在平原的流域面积为 652 平方千米，主要分布在石景山区、丰台区和大兴区。永定河进入平原区之后，由于流速减慢，大量泥沙沉积而使河床抬高。从河流内外相对地势来看，自卢沟桥以下很多地段形成地上河。下面，我们以永定河进入北京地区的流向为序，说明地质时期永定河的形成及在河谷、冲积扇的流向变迁，以及由此带来的北京湾（又称北京小平原）的形成过程。

(一)地质时代永定河的形成过程

永定河流域属于地质学上所称的"华北陆台"的一部分。华北陆台位于燕山—阴山和秦岭—大别山两条造山带之间，面积很大，包括河北、山西、山东、河南、辽宁五省和内蒙古自治区大部、陕西北部、甘肃东

部、安徽北部、江苏北部等地。永定河流域仅是华北陆台上很小的一片地方。因此，它的地质发育史与华北陆台的地质发育史分不开。

永定河流域所在的华北陆台是中国最古老的地台之一。早在震旦纪（8亿年前—5.7亿年前），地壳发生了一次剧烈而广泛的褶皱造山运动，因在山西吕梁山地区表现得最典型，故地质学家称之为"吕梁运动"。吕梁运动使太古代（38亿年前—25亿年前）的地层被褶皱硬化，中国陆台轮廓基本形成。这时，华北陆台也固结而成为陆台，但仍不稳定，其中部发生凹陷下沉，为海水淹没。震旦纪结束时，华北陆台隆起，海水一度退出。自寒武纪（5.42亿年前—4.85亿年前）开始，海水又从南方侵入，华北陆台东部变成浅海。到寒武纪中期，海侵扩大，海水加深，华北陆台又变成浩瀚的海洋，只有五台山、吕梁山等局部地区未被海水淹没，成为孤岛。直到奥陶纪（4.85亿年前—4.43亿年前）中期，华北陆台都随着地壳不同幅度的震荡，被有时深、有时浅的海水淹没，长期接受着海洋沉积，形成较广泛分布的寒武纪和奥陶纪沉积岩地层。随着中奥陶纪的慢慢结束，地壳又发生了一次全球性的剧烈活动，华北陆台在这次运动中表现为上升运动，海水退出，变成为陆地。此后，至古生代后期，华北陆台有沉降，有抬升。沉降时，发生海侵，形成内海。抬升时，发生海退，陆地重现。那时候，气候温暖湿润，陆地上多洼地沼泽，森林茂密。在二叠纪（2.99亿年前—2.5亿年前）行将结束时，再次发生新一轮回的地壳运动，华北陆台终于结束了被反复海侵的历史，彻底上升为陆地，开始了中生代地质发育过程。

中生代（2.5亿年前—6500万年前）是华北地区地貌成型的重要时期。在中生代里，华北陆台已是陆地，内陆盆地发育，陆生植物繁茂，地壳运动进入高潮期，大幅度的地面升降，剧烈的地层褶皱和断裂，并伴有间歇性的火山喷发和大规模的岩浆侵入，其结果仅就华北地区来说，便形成了一系列东北—西南走向的山脉，如太行山、军都山、燕山、恒山、小五台山等。同时，在这些山地之间，出现了一些地堑式的小型盆地，如蔚县、浑源、阳原、怀安、涿鹿、怀来、延庆等盆地。状如一个海湾的北京平原地区也是在这时候形成的，人称"北京湾"。这一轮回的地壳运动，因在燕山地区表现得最为典型，故地质学家称之为"燕山运动"。燕山运动结束后，华北地区的地貌轮廓基本形成。

地质发育史进入新生代以后，华北陆台的地质发育又呈现出新的特点。第三纪后期，发生了距今最近的大规模造山运动即喜马拉雅运动，对华北陆台产生了明显影响。渤海海水侵入华北陆台，将山东半岛和辽东半岛分开。被长期侵蚀而几近削平的燕山运动所形成的山地，在这次地壳运动中也重新升起。第四纪更新世早期，华北陆台上的许多湖泊继续存在和发育，但气候呈现冷暖干湿的剧烈变化，冰期与间冰期交替出现。气候变得寒冷干燥时，强劲的北风裹挟大量的粉沙细土，洒落沉积在太行山以西广大地区，形成厚达数十米至百余米的黄土层，是为黄土高原。永定河就是从黄土高原的东北隅发源的。

永定河流域的地质发育史还推动了我国东部地区在第四纪时期是否存在冰川的问题的解决。1954年夏，地质学家李捷在石景山区模式口村北福寿岭南坡发现了后来定名的"模式口冰川擦痕"；1958年春，孙殿卿、马胜云在石景山区隆恩寺附近的山坡上发现了"隆恩寺冰川擦痕"。1962年，在西山八大处第五处龙泉庵到第六处香界寺的山路左侧一座白石桥旁，地质力学理论的创始人李四光先生发现了一块长圆形的砂砾岩巨石，这就是后来闻名遐迩的"八大处冰川漂砾"，有力地支持了他关于中国东部存在第四纪冰川的主张。

梳理永定河流域所在的华北陆台地质发展史，不难看出，永定河流域在"吕梁运动""燕山运动"等造山运动中，时而浮出海面，时而沉入海底，上古时期该地域虽不乏河流分布，但都不能认为是永定河的前身。古永定河必然是新生代的产物。新生代以来气候温暖湿润，今大同盆地、阳原盆地、蔚县盆地、涿鹿—怀来—延庆盆地等，都是水面广阔的大湖泊，在涿鹿—怀来—延庆盆地大湖泊的东边，本是燕山运动中形成的山地，经过长期的外力侵蚀，已变成准平原状态，并有一些较短的河流发育，今门头沟区境的永定河河段就是其中的一条，在三家店附近进入北京湾，并将大量泥沙砾石搬运到下游堆积下来。由于北京湾西侧的平原地带重新隆起，河流上游的溯源侵蚀加速加剧，河源越来越接近涿鹿—怀来—延庆盆地大湖，河水也随着地面的抬升而下切，河床变得越来越深。与此同时，涿鹿—怀来—延庆盆地的湖水，向东的侧压力增大，湖水的波涛对其东岸的侧蚀也加速加剧，大湖东岸不断地崩陷后退，在地层断裂、岩石破碎的地段，湖水的侵蚀更会加速。最终，相向而行的河流上游与湖泊东侧连接，怀来—延庆盆地的浩渺湖水顺河道下泄而出，夏秋季节降落在山间盆地及其周围山区的雨水，由涓涓细流汇集一起，总成大河，顺势东注，今永定河的雏形就此形成。

(二)永定河谷穿行地域及河谷的诞生

永定河横穿燕山、西山山脉的地域是永定河谷地带。永定河谷上起今官厅水库，下达今石景山区，全长约110千米，是沟通北京小平原与河北怀来盆地的唯一河流通道。永定河谷所经过的山脉地区，山地岩石

特性比较复杂，河流流向多变，蜿蜒穿行于山地中，总体流向为西北—东南向，对塑造北京小平原起到了重要作用。

一条永定河，串联京津冀，成为海河水系的重要支流。永定河的源头有两处，分别是内蒙古兴和县和山西宁武县的管涔山天池，在流经内蒙古、山西、河北、北京、天津后，汇入海河水系，全长747千米（含永定新河），流域面积47016平方千米。永定河流经北京市的河段长170千米，是北京市境内最大的河流，也是最古老的河流。在地质时代里，河水从晋北、内蒙古高原穿过军都山脉的崇山峻岭奔腾而下，在广阔平坦的华北平原上随意地摆动、宣泄，形成了大片的洪积冲积扇，既造就了肥沃的土壤，又留下了大量湖沼和丰富的地下水。正是这片丰泽膏腴的土地，哺育了北京地区最初的文明，并为北京城后来的形成与发展提供了优越的地域空间。

永定河穿行的河谷地带从不同山脉划分，可分为官厅山峡（见图1-1）和西山峡谷两段。永定河在进入北京市境内前后，首先穿行的是"官厅山峡"地域。官厅山峡，因怀来县官厅镇得名，是永定河及其支流妫水河、洋河所经过的峡谷地带，山峡主要是燕山山脉西部。山峡一般表示的是谷坡陡峻、深度大于宽度的山谷地带，如长江流域的著名景点——三峡。官厅山峡包含了河北省怀来县东部、北京市延庆区西部等地，是永定河自怀来盆地流出后的主要地域。1954年官厅水库建成后，成为北京主要供水水源地之一，为防洪、灌溉、发电发挥了巨大作用。在久远的地质时代，官厅山峡山高水急，永定河的下切侵蚀作用劈开了重重关山，最终形成了山峡这一独特地貌。

永定河自官厅山峡流出后，进入地形更为陡峭的西山山脉。永定河

图 1-1　永定河官厅山峡（石景山区文化和旅游局提供）

在西山山脉经过的河谷地带，主要包含在门头沟区和石景山区境内。永定河干流从河北省怀来县幽州村南进入门头沟区后，由西北而东南流经雁翅镇、妙峰山镇、军庄镇、龙泉镇和永定镇 5 个镇，全长 100.5 千米。其中自幽州至三家店段属"西山峡谷"部分，长 90 千米。其入境处海拔高 373 米，出境处为 73 米，河道坡降为 2.99‰。河道宽度可分为 3 段：幽州至雁翅段、雁翅至三家店段、三家店以下至出境段。永定河流经三家店后，部分河段为门头沟与石景山区区界。永定河流经麻峪、庞村、水屯等地，经衙门口村南流入丰台区。永定河是流经石景山区的唯一天然河流，区内河段长 11.6 千米。每年夏秋河水挟带大量泥沙，河水浑浊。永定河迁徙无常，历史上曾留下多条故道，因此又称无定河。元代和明

代，屡次加固岸堤。清康熙年间，进一步疏浚河道、加固岸堤，将无定河改名为永定河，沿称至今。

永定河西山峡谷的形成和发展与西山山脉的古地理环境密不可分。在西山山脉逐渐抬升的中新世（2300万年前—530万年前），永定河上游的怀来盆地已初具规模。上新世（530万年前—258.8万年前），今天的西山第一高峰东灵山开始崛起，八达岭山峰逐渐抬升，永定河在盆地岩石比较薄弱的地带流出，河流不断侵蚀正在隆起的山地，永定河谷开始形成。当时北京地区气候与现在相比更为湿热，河谷中的水流量很大，河流侵蚀、下切山体的力量很强，永定河谷的发育加速。更新世（258.8万年前—1.17万年前）是气候整体处于干冷的时期，西山山脉的崛起加速，同时永定河携带上游的碎石、泥沙在出山口大量沉积，永定河成为塑造北京小平原的主要"搬运工"。全新世（1.17万年前至今），永定河在西山山谷中的下切、侵蚀作用进一步加强，最终形成了今日曲折穿行于西山中的地理格局。

永定河流经的河川区域湖积台地前沿，也易被河水冲刷切割。桑干河两侧的小支流，也流经黄土丘陵区，这些小支流短促流急，对两岸的侵蚀能力也不小。永定河上游地区的降水集中于七、八月，且常有暴雨，淋蚀作用又大。每逢雨季，永定河便自上游挟带大量泥沙，奔腾而下，故有"小黄河"之称。

（三）永定河洪积冲积扇发育的条件及经过

凡是河流，流出山地丘陵进入低平地区后，由于地面豁然开阔，坡度陡然变缓，河水流速骤然减慢，水流的搬运能力突然减弱，于是，河水从上游冲刷、裹挟而来的砾石、泥沙，迅速沉积，形成扇形堆积地貌。

在干旱、半干旱地区，由暂时性洪流在山谷出口形成的扇形堆积地貌，称为洪积扇；而在其他地区，由经常性流水于沟谷出口处形成的扇形堆积地貌，称为冲积扇(见图 1-2)。

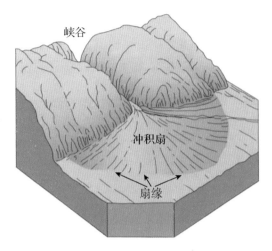

峡谷

冲积扇

扇缘

图 1-2　冲积扇示意图(石景山区文化和旅游局提供)

永定河自三家店流出重峦叠嶂的西山山脉后，下游形成广阔的洪积冲积扇平原，其范围大致为北至清河—温榆河，南至大清河中段，西至小清河—白沟，东至北运河。在行政区域上，包括北京市西城、东城、朝阳、大兴等区的全部和石景山区东南部、海淀区中南部、丰台区东部、通州区西南部、房山区东缘，河北省安次、永清、固安、霸州等市区县的全部及雄县的东北部、高碑店市东部、涿州市东北隅，以及天津市武清区的西部等，总面积约 7500 平方千米。永定河洪积冲积扇平原是在漫长的历史岁月中逐渐发育而成的。

永定河洪积冲积扇平原的形成和发育，需要具备三个基本条件：第一，中上游流域必须有丰富的砾石、泥沙等物质，供河水侵蚀、搬运。

第二，永定河必须有足够的水量，水流能够将中上游流域的砾石、泥沙携带至下游。第三，下游流域必须有开阔低平的地域空间，以接受河水从中上游搬运下来的大量砾石、泥沙的沉积。从永定河流域及西山地质特征来看，这三个条件是完全具备的。

永定河的中上游流域，有管涔山、恒山、小五台山、灵山、东灵山、熊耳山、大马群山、海坨山、军都山、西山等著名山地。这些山地的岩体，经风化、崩塌、剥蚀、撞击等而碎裂后，形成大量的砾石和沙粒，成为永定河水所搬运的沙砾之源。永定河的中上游流域又有一系列的山间盆地，在这些盆地上，覆盖着厚厚的黄土，是黄土高原的一部分。黄土质地疏松，容易被流水侵蚀化为泥沙，与流水结合后形成浑浊的泥水。此外，黄土具有垂直节理的特性，一旦河岸或坡坎被流水侧蚀，极易造成大型黄土块崩塌，崩塌的黄土块陷入水中，也很快化为泥沙，被流水搬运而去。所以，永定河中上游广泛分布的黄土，是取之不竭的泥沙之源。随着中上游森林植被的破坏，山坡地表多裸露，加剧水土流失，使永定河水中的泥沙越来越多，故有"浑河""小黄河"之称。

北京地区的气候情况已见前述，雨热同期的特点极易在山脉的迎风坡形成短时强降水。这种气候特点使永定河水在夏季常常暴涨，汹涌澎湃的洪流有巨大的侵蚀力和搬运力。当永定河从第二级地势阶梯（黄土高原和内蒙古高原）向第三级地势阶梯（华北大平原）奔流的时候，在冲过北京西山的河段（从官厅至三家店），约长 108 千米，落差达 340 米，平均坡降为 3.2‰。这种大坡降的河道，使河水以高屋建瓴之势奔腾而下，势能

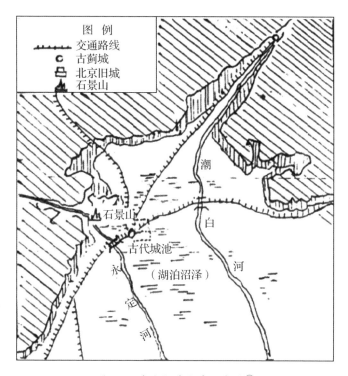

图 1-3　永定河冲积扇示意图①

与动能叠加，大大增强了河水的搬运能力，大量的砾石、泥沙，随湍急的河水倾泻而下，在下游河道淤积下来，填高河床。汹涌湍急的河水对下游河堤的冲击力也很强，有时破堤决口，改道泛滥，漫水成灾，并造成大面积的地面淤积。

永定河洪积冲积扇平原发育的方向和地域，决定于永定河出山后的流向和河口的位置。因为永定河洪积冲积扇平原的发育，实际上是永定河水所携带的砾石、泥沙不断淤积的过程。这个淤积过程是随着永定河

—————————————————

①　图片来源：《石景山区水利志》。

出山后的流向和河口位置的变化而变化的。在永定河最初形成时，下游没有固定的河道，河水一流出西山后便散漫开来，从上游搬运下来的砾石和泥沙，就从出山口处向下成扇形堆积，形成一定规模的洪积冲积扇，覆盖在基岩之上。永定河全流形成后，流程大大加长，上游集水面积大大扩大，河中水量大大增多，从上游挟带而来的砾石、泥沙也更加丰富，这就为下游洪积冲积扇的发育创造了更有利的物质条件和动力机制。

所谓"新构造运动"，是指第四纪以来的地质构造情形。在"新构造运动"中，北京平原上原有凹陷地域再度隆起，同时北京西山的抬升和八宝山以南的隆起，将原本的"京西隆起"变为凹陷地带。这种新构造格局，对永定河的流向产生了决定性的影响。史前时期的永定河流出西山后，主流当向东北或向东，因此首先接受永定河沉积物的是洪积冲积扇的北侧。因从中上游搬运而来的大量砾石和泥沙沉积，地面不断升高，其南侧地面变得相对较低，永定河水就会改向东南流，去淤填东南方向较低的地面。永定河出山后在其洪积冲积扇上的左右摆动，使其洪积冲积扇的发育大致保持均衡状态。

对北京西山山前平原的古河道共同进行研究的结果是，发现有四条从晚更新世后期至全新世发育的永定河古河道，依由北而南的分布顺序，分别命名为"古清河""古金钩河""㶟水""古无定河"（见图1-4）。

古清河从石景山流向东北，经西苑、清河镇到温榆河。古清河是史前时期永定河的故道。古金钩河是永定河出山后向东通过北京城区的一条古河道。其北岸从紫竹院附近向东，经动物园、德胜门、东直门、麦

图 1-4　北京西山山前平原古河道分布图①

子店、辛店、驹子房一线，而南界从右安门向东，经陶然亭、贾家园、八里庄至董村一线。这条古河道在北京城区南北宽达 7—8 千米，到朝阳门外呼家楼一带分成多股河汊。古金钩河的发育时代和古清河相当或稍早。在 7200 年以前，古金钩河即已存在，在以后的一段相当长的时间内，与古清河同时或交替成为永定河的主流河道。㶟水是永定河出山后向

---

① 尹钧科、吴文涛：《历史上的永定河与北京》，北京燕山出版社，2005 年。

东南流的一条故道。其北界从八宝山起，向东南经羊坊店、天宁寺、海户屯、鹿圈村至佟家庄一线；南界从黄土岗往东，经南苑、忠兴庄、青云店到豚达营。古无定河是永定河向南流的一条故道，其东界从黄土岗往南，经西红门、团河村到田各庄；西界从卢沟桥向南，经永和庄、黄村、庞各庄等地。

上述不同时期的四条永定河古河道，出山之后，都各自在山前地带形成一个洪积冲积扇。这些洪积冲积扇连接并部分地叠压在一起，构成永定河洪积冲积扇的整体。在各个洪积冲积扇的顶部，都是粒径较大的砾石扇，几个砾石扇连接并部分地叠压起来，形成一个大砾石扇。其顶部在三家店、石景山一带，其前缘大致在紫竹院、右安门、黄土岗一线。在这大砾石扇以东，四条古河道才明显分开。可以说，这四条不同时期的永定河古河道，是北京西山山前平原的主要塑造者。

永定河洪积冲积扇平原是永定河水从广阔的上游流域侵蚀、搬运而来的砾石、泥沙，在下游不断沉积的结果；是陆续形成的一系列有先有后、有大有小的洪积冲积扇，在老洪积冲积扇的基础上交错叠压、层层覆盖的结果。由于永定河地处华北，区域内降雨量的季节变化和年际变化很大，所以，永定河洪积冲积扇平原形成和发育的过程，在时间上是不均衡的。多雨季节或偏涝年代，因河中水量大，上游的侵蚀、搬运作用强，下游的沉积作用也强，其洪积冲积扇的发育就快。反之，在少雨季节或偏旱年代，因河中水量少，上游的侵蚀、搬运作用和下游的沉积作用都较弱，其洪积冲积扇的发育就较慢。又因为永定河善淤善决，常常改道泛滥，其洪积冲积扇的发育在空间上也是不均衡的。在主流河道经过的地方，洪积冲积扇发育较快，否则，则发育较慢或较晚。随着永定河主流河道的变迁，其洪积冲积扇平原的发育方向和地域，从总体上看，呈现出由北向南、由西北向东南推进的趋势。但当洪水暴涨、决堤泛滥的时候，漫流的洪水又将大量泥沙填补进先前遗留下来的低洼或沟坎中，最终形成东西、南北各数百里的坦坦荡荡的永定河洪积冲积扇平原。

永定河穿越河谷后，所输送沉积物因质地不一决定了冲积平原的地表特性，并形成了北京小平原。在两种主要沉积物中，碎石主要来源于永定河横切过的山体，一般较重且大小形状不一；泥沙主要来源于永定河流经的怀来盆地等地势相对平坦的土壤表层，一般较轻且质地均一。沉积物的不同特性决定了其不同的堆砌地点。在永定河洪积冲积扇平原顶部，即今石景山及周边区域，随着地面坡度的变缓，河流的搬运力下降，碎石、砂砾石等质量较重的沉积物最先止步于河流两侧，永定河则带着质量较轻的土屑、泥沙向东流去，并将其堆砌在冲积平原的中下部。泥沙、黏性土壤随着河道的摆动在地势平坦的地区广泛沉积，永定河冲积平原便像一把展开的扇子，在这把"扇子"中，北京小平原是"扇面"，永定河出山口是"扇头"，今石景山地区则成为"扇钉"，三者共同构成了完整的永定河冲积扇。

永定河冲积扇又被称为北京湾，以表示冲积扇及周边的地理环境。北京湾的西侧是其形成的主要地理基础——西山山脉及永定河。北京湾北侧是前沿直达昌平境内的燕山山脉，北京湾东北部则是远望顺义、平谷等地的山区。北京湾三面环山，地势西北高东南低，整体向东南方向延展，宛如苍茫大海中旅人安歇的港湾，北京湾由此得名。最初将北京地形特点命名为北京湾的是西方学者。较早命名"北京湾"的是德国学者李希霍芬，他在1877年所著的《中国》一书中，将北京西山地层划分为13

层，其中第 12 层为黄土。在注释"黄土"时，他说："黄土——我们在北京湾西南部的山脉边缘初识这种地层，在斋堂山谷中找到了它。"1905 年，美国地质学家贝利·维理斯描述："中国东部自纬度 40 度起，有大平原向北丛山，形如海湾，其东南口径宽达 45 英里。山脉因之而被横断。从平原以观其四围之山岭，犹海湾之于石壁。其湾澳之部分名之曰北京湾，似为正当，此言可想见平原之形状矣。"这段话是叶良辅在 1920 年出版的《北京西山地质志》第四章"地文"中翻译的，充分证实北京湾体现了北京的地貌特征。

"北京湾"也被叫作"北京小平原"，是华北大平原最北的顶点。北京湾从西山到天津蓟州区、北京平谷区之间的盘山，西东约有 150 里，南北之间自湾口到北山最远的距离也有 100 里。北京城正好位于这个海湾形势的小平原的西南口上。所以我们平常只可看见西山，天气好的时候才可望见北山。只有天气既好又逢登高时才能遥见东北一带的山。从这小平原向南就一直展开了华北大平原。北京小平原正南是正在建设的雄安新区，这里地势低洼，一派河湖交错的水乡风光；西南是太行山前的山麓地带，先民们正是顺此进入北京小平原定居的；东南是五河交汇的天子渡口——天津，也是北京最为便捷的出海口。

第二节　引水入城，水城交融

永定河流域孕育了中国北方早期人类的祖先，秦汉以来蓟城的辐射作用奠定了辽金后它作为行政中心的政治地位。永定河上的古渡口，作为历史上太行山东麓的南北交通枢纽，是北京城原始聚落蓟城形成的主要条件之一。永定河水及其故道遗存所形成的莲花池水系、高梁河水系，是从蓟城到北京城的主要水源。永定河中上游流域的森林、煤矿和岩石、沙砾，为北京的城市建设和城市生活提供了必需的建材和能源。永定河的水利、水害及河道变迁，直接影响着北京的城市格局和发展方向。不仅如此，她还孕育了悠久、丰富、独具特色的流域文化，流域内的名山大川、城镇村落、交通格局、宗教传统以及风土人情等，无不渗透着永定河古老而深远的影响。应该说，永定河文化在北京城市发展史上具有母体文化的重要地位，是北京历史文化不可分割的一部分。

一、永定河流域城市起源的生态背景

（一）先秦时期永定河流域的文化遗存与城市诞生

在遥远的新旧石器时代，人类活动的足迹已经广泛出现在永定河流域。根据目前已有的考古调查，永定河流域遍布着新旧石器时代人类活动的化石与遗址。随着近代考古学的兴起，早期人类在永定河流域及西山一带的活动踪迹逐渐进入我们的视野。泥河湾遗址群、东胡林人遗址的新发现和早已闻名世界的周口店遗址等，都是关乎人类起源和中华文明源头的重要考古成果，见证了这条文化根脉的起源和勃兴。旧石器时代初期文化的代表是张家口阳原县泥河湾遗址群和房山区周口店北京人遗址；新石器时代早期代表性文化遗存有门头沟东胡林村墓葬，晚期文化遗存则是昌平雪山一期、二期遗址。

永定河流域位于桑干河畔的泥河湾遗址群记录了旧石器时代远古人类生活的场景，被誉为"中国人类起源的摇篮"和"天然博物馆"。泥河湾位于桑干河上游的阳原盆地，遗址考古始于20世纪20年代，1978年后出土了大量石器和哺乳动物化石。经考古学家研究，距今约177万年前，远古的人类就活动在这片土地上，泥河湾标准地层记录了第三纪晚期至第四纪地球演化和生物、人类进化的历史。2001年马圈沟遗址的发掘，首次发现了距今约200万年前人类进餐的遗迹，这是迄今为止我国发现的最早的人类起源地。目前泥河湾遗址群出土的古人类化石、动物化石、各种石器总计达到数万件，泥河湾遗址群的考古工作包含了古人类学、旧石器考古学、古生物学、第四纪地质、古地磁学、古气候学和年代测定等多个学科，几乎记录了人类的起源和演变的全过程，对探索世界早期人类的发展及其文化的演变和发展具有重要意义。

从距今200万年的泥河湾人算起，之后的100多万年间，永定河流域的人类进化史如永定河水一般绵延不断。20世纪70年代末到80年代初，与泥河湾隔河相望的小长梁遗址、东谷坨遗址相继被发现。两地出土石器超过1万件，以边刮器、钻具等为代表，属于距今130多万年的古人类遗址。从石器制作技术看，该文化与周口店北京人遗址文化有着密切关系，是永定河流域旧石器时代早期考古文化的代表。

北京猿人发现于房山区周口店，是永定河流域的另一处重要古人类遗址。北京猿人遗址发现于 1921 年。1929 年，中国考古学者裴文中在北京周口店龙骨山上的山洞里，发掘出了完整的头盖骨化石，成为轰动一时的考古新闻。北京猿人生活在距今约 70 万年至 20 万年的周口店山洞中，北京猿人虽保留了猿的某些特征，但已会使用打制石器及天然火。最新的发掘表明，在猿人洞内的用火沉积物证实北京猿人已能控制和使用火。20 世纪 30 年代在周口店顶部山洞中发现的山顶洞人，已属于晚期智人，这时人类的生产活动范围已从周边丛林扩大至水域，标志着人类认识和利用自然界的能力的提高。

西山山脉是北京早期文明的起源，是由西山地质形成史决定的。北京西山整体走向是东北—西南向，西山地质构造成因是板块内部的挤压导致地形隆起出现山地。从形成年代来看，西山两侧的山地形成更早，中部山区形成相对较晚。在西山的南部房山区，岩石表现为年代相对久远的石灰岩地层，中部门头沟区则是年代相对较近的煤系地层。房山的石灰岩发育岩溶洞穴，形成周口店猿人洞穴，出土了 50 万年前的北京猿人和 3 万年前的山顶洞人的人骨化石。门头沟的斋堂山谷发育马兰黄土，出土了 1 万年前的东胡林人的人骨化石。北京湾的转弯处山前残丘昌平雪山出土了距今约 6000 年至 4000 年的雪山（也称靴山）文化。

1996 年，考古工作者在北京东城区王府井大街发现了一处旧石器时代晚期（约 2.5 万年前—2.2 万年前）的人类活动遗迹，出土石器、骨器 2000 多件，焚烧过的骨头、石头、灰烬证明是人类用火的痕迹。从其旁边的河漫滩沉积物分析，两万年前这里曾是永定河的主河道——高粱河（也就是后来人们所称的"三海大河"）的故道，遗址正好位于其东岸堤上。这一发现直接说明了永定河对北京早期聚落形成的影响。

东胡林人遗址发现于北京市门头沟区东胡林村西侧，位于永定河支流清水河北岸的二级阶梯上。1966 年，北大学生在东胡林村发现古代人骨，中科院古脊椎动物与古人类研究所在此地清理出代表 3 个个体的残存人骨，经鉴定为两男一女，特别是女子身上的螺壳项链、手腕处戴有由牛肋骨制成的骨镯，都生动地反映了当时人类的审美和技术水平。1966 年、2001 年的两次发掘为我们展现了当时永定河流域先民的生活状态，特别是烧火灶址和灰烬的发现，说明当时已经用灶台烧火做饭了。由灰烬中烧烤过的砾石块和动物骨头，不难想象先民们围坐在火堆旁，载歌载舞，品尝烤肉的热闹场景。东胡林人遗址出土的丰富考古资料填补了永定河流域新石器早期考古的空白，在永定河流域的考古发现中占有重要地位。

雪山文化是新石器晚期到春秋早期之间广泛分布于今北京、张家口和山西东北部的一种考古学文化类型。1961 年，北大考古系师生在军都山旁的雪山村发现了第一处雪山文化遗址。该遗址位于永定河上游桑干河北岸一土丘的顶部。专家们分析其文化属性，无论墓葬形制、葬式，还是随葬品，都和内蒙古赤峰大南沟的小河沿文化墓葬比较近似。永定河上游阳原县发现的雪山一期文化遗址——姜家梁遗址 M75 中出土了一件玉猪龙，而玉猪龙又是东北地区红山文化的典型器物，雪山一期文化与东北方面的文化交流可见一斑。从这一角度看，北方文明是通过永定河流域与中原发生联系的。

位于农耕文化与游牧文化交界地带的永定河流域，在先秦时期就已经开始了民族融合的进程。被称为"华夏第一战"的涿鹿之战，目前多认为发生在永定河流域。关于黄帝时代不断发生部落争战的传说，揭示了有文字记载以前的部族交往史。黄帝是北方部族的领袖，他率领的强大部落曾到达北京地区。涿鹿之战对于古代华夏族由远古时代向文明时代的转变产生了重大影响。黄帝在北京以西的涿鹿打败了蚩尤，其后，炎、黄部落又"战于阪泉之野"，经过数次大战黄帝得胜，"诸侯咸归于轩辕"，于是在涿鹿建立都邑。黄帝的领地基本概括了此后的秦汉疆域。随着北方部族势力的发展，部族融合得到了强化。颛顼时期，中原部族控制的北界已经囊括今北京一带，史料中有"北至于幽陵，南至于交阯"①的记载。显然司马迁是在以西汉时期出现的地名指代先秦地域。著名的尧舜时代，北京地区的部族已经形成较为稳固的地域共同体，尧"申命和叔，居北方，曰幽都"。至于舜"流共工于幽州，以变北狄"，更意味着以强大的政治力量来影响北京地区的不同部族，促成一种趋同的文化。

商代永定河流域的典型代表是昌平雪山文化遗址。该遗址三期属于夏家店下层文化，根据甲骨文、金文等资料，商代永定河及北京地区活跃着许多部族，除了北迁至此的中原部族外，还有肃慎、燕亳、孤竹、山戎等。山戎族活跃于燕山南北，燕亳在北京及其周围地区。不同部族具有不同的文化以及政治形态，它们比邻而居，而永定河流域逐渐成为部族交流的孔道。商代在边境地区实行方国制度，到了商代晚期，永定河流域出现了方国——蓟，蓟国的出现不仅标志着早期民族融合的进一

---

①　《史记》卷一《五帝本纪》。

步加强，也显示了北京地区、永定河流域开发程度的加深。

西周实行分封制以控制东方，周武王及周公分封加速了北京地区的部族与民族融合。周武王将召公后人封于燕地，这里是前朝商族势力集中的地方，也面临山戎等部族的威胁。燕国灭蓟后迁都蓟城，加速了永定河流域的民族统一进程。永定河流域除了蓟国、燕国外，还有集中发现于延庆区八达岭以北的军都山一带的山戎文化遗存。1975年在延庆西拨子村，发现了西周晚期或春秋早期的铜器窖藏。在一件青铜釜内，装有50余件青铜器。这批青铜器应为夏家店上层文化的遗物，器形和花纹反映了我国中原和北方民族地区的文化交流和互相影响。

（二）秦汉至隋唐间永定河流域城市群的成长

经过春秋战国时期的衍化，曾经活跃在燕地周围的戎狄各族，民族及相互关系发生了深刻变化。秦汉时期，燕地已经变成了统一的君主集权制下的郡县或郡国，周边的少数民族势力受到了中央集权的有效遏制，相应地影响了区域民族关系的发展。

秦王政二十一年（前226年），秦军攻下燕都蓟，燕王喜流亡辽东，永定河流域中下游基本为秦军控制。秦彻底灭燕后，原燕国周边的部族也统一在秦的疆域内。蓟城作为中原王朝东北方向的交通枢纽与军事重镇地位开始奠基。自秦汉至隋唐，匈奴、鲜卑、乌桓、羯、氐、羌、突厥、契丹等北方部族活跃在永定河流域，农耕经济与游牧经济的对立使得双方多次发生战争，不过永定河也是少数民族与中原地区贸易往来、文化交往的重要通道。可以说，这一时期的永定河流域成为民族融合的大熔炉。

蓟城扼守着华北平原北部的门户，是中原政权强盛时期经略北方的基地，也是防御北方游牧部族入侵或双方争夺的军事重镇。蓟城自统一于秦后，两汉时期逐渐确立了在周边区域的中心城市地位。秦代以蓟城设立广阳郡，管辖 10 余县。汉初实行郡国并行制度，蓟县时而为国都首邑，时而为郡首县，始终是周边区域的行政中心。汉武帝时期，朝廷将全国分为若干刺史部，蓟又成为幽州刺史部所在地。从此，蓟县与幽州有了直接密切的联系。东汉末期，朝廷无力压制群起的地方势力，刺史逐渐成为统御一方的实权官僚，幽州刺史管辖的地域也更为广泛，蓟县的行政中心地位辐射的地域范围也大为扩展。据《汉书·地理志》及《续汉书·郡国志》的记载推测，两汉时期的蓟县已有 10 万余人口，成为王朝北疆最为重要的城市之一。

魏晋南北朝的疆土分裂与战端频起，使蓟城的行政地位有所变化。西晋将幽州治所从蓟城迁到涿县，并且废除了自战国后期燕昭王设沿边五郡以来一直存在的渔阳郡，将其属县划归燕国，这都是幽州地区建置沿革的重大变化。东晋时期的前燕曾在蓟城短暂建都。隋统一后，简化行政层级，原有的幽州—涿郡—蓟城，改为幽州—蓟城，不久又将幽州降为涿郡，涿郡管辖 9 县，蓟仍为首县。隋炀帝为用兵辽东，开辟了自南而北直达蓟城南郊的大运河，即京杭大运河的前身，由此强化了蓟城的水路交通优势。

隋唐之际，突厥、契丹等北方部族崛起，时常南下，蓟城的军事防御作用凸显。朝廷在州郡之上，以蓟城为治所设置了幽州总管府、都督府或大总管府、大都督府，进一步强化了它的政治、军事地位。唐太宗远征高句丽的大军在蓟城誓师，自辽东退兵后，计划在城内东南建寺悼念阵亡将士。到武则天时期建成，命名为"悯忠寺"，即今法源寺的前身。

依据 20 世纪 50 年代以来出土的唐代墓志、房山石经山出土的唐代石经题记等材料，唐代幽州的"四至"大体可以推测为：东侧城垣在烂漫胡同稍偏西；西侧城垣似在会城门稍东；南侧城垣约在陶然亭以西的姚家井以北、白纸坊东西街一带；北侧城垣当在头发胡同一线①。

唐代蓟城的发展还体现在城市内部的管理机制中。坊、里是幽州城内的基本居民单位，唐代墓志所记地点显示，当时有卢龙坊、燕都坊、花严坊、归仁里、东通阛里、通阛坊、通肆坊、时和里、遵化里（坊）、平朔里（坊）、辽西坊、归化里、蓟宁里（坊）、肃慎坊、蓟北坊、铜马坊、军都坊、招圣里、劝利坊、开阳坊等。里坊制在幽州城（蓟城）内的实施，可看作城市发展的结果；平朔、卢龙等域外地名的使用，可看作蓟城内民族融合的体现。根据现有资料推测，唐代中期蓟城人口应不少于 15 万人②。

自秦汉至隋代，蓟城不管是诸侯王国都，还是幽州、广阳郡或燕郡的治所，作为政区系统根基的县却只有蓟县。唐建中二年（781 年）燕州废后改置幽都县，治所回迁幽州城内的燕州旧衙署。从此，蓟、幽都二县并治于蓟城。后契丹据有幽州，先后改蓟县为蓟北县、析津县，改幽都县为宛平县。金代再改析津县为大兴县。元明清皆以宛平、大兴作为以北京为中心的附郭县。

永定河流域的行政中心以蓟城为主，蓟城也辐射带动了周边城市的发展。春秋战国时期，永定河流域基本为燕国属地，燕国在地方行政上

① 孙冬虎、许辉：《北京历史人文地理纲要》，中国社会科学出版社，2016 年，第 88 页。
② 孙冬虎、许辉：《北京历史人文地理纲要》，中国社会科学出版社，2016 年，第 159 页。

推行的是"都"制①。秦统一后，将郡县制度推行全国，原燕国的各"都"纷纷改为县。秦代广阳郡除蓟县外，还有良乡、安次等县位于永定河下游；秦代上谷郡沮阳则位于永定河上游。西汉时永定河流域城市数量大幅度增加，各县城基本都位于永定河山间盆地与山前冲积扇地带。永定河与城市的分布格局基本保持到了隋唐时期。

二、永定河流域的交通要道地位与农业环境发展

(一)西山、永定河与北京湾交通路线的开辟

梳理北京地区的地理环境与西山、永定河的形成过程，可知历史时期永定河对北京小平原的塑造之功。正因永定河在穿越重重西山进入北京湾最初的河道不固定，才可能漫流形成冲积平原，因此才会留下错综复杂的河流故道。河流在提供舟楫灌溉之利的同时，也会在一定条件下变为交通的障碍，桥梁与渡口就成了连接南北往来的重要途径。

最初进入北京小平原的先民们，应该是沿着太行山麓东侧逐渐来到这里的。他们最初立定脚跟的地方，是西山山麓东侧的平原地区。自此而东向着海岸逐渐退却的方向，是华北平原上湖泊沼泽分布的区域，开发和通行都很困难；自此而西，崛起的太行山脉崎岖难行，丛林茂密不适宜原始农业的发展。只有这贯穿南北、通行无阻的一条狭长地带，才最宜于原始农业拓荒者利用。他们从南向北推进，因此这条狭长地带的南端正是中原农业文明的发祥之地。先民们一方面沿着同一地带，在同一自然地理条件下向北推进；另一方面也努力与沼泽斗争，追逐着不断退却的海岸线，向平原的腹地开拓。最终展现在他们面前的，就是接纳

---

① 后晓荣：《燕国县级地方行政称"都"考》，《首都师范大学学报(社会科学版)》2012年第6期。

旅途行人们的港湾——北京湾。

在进入北京湾之前，先民们还需要通过最后一道阻碍——河流。那时华北平原西侧的河流，大都上游水流湍急，下游河水满溢，如想通行无阻，必须在每一条河流上建立适宜的渡口。每一个渡口也因地形的关系，不能太靠近上游，太靠近上游则激流奔湍；也不能太靠近下游，太靠近下游则容易产生水患，所以每一条河流上的每一个渡口，差不多都在同一地带上。把这些河的渡口用一条线连贯起来，应该就是在今日华北大平原的西边、沿着太行山麓所出现的最古老的那条贯通南北的大道了，这就是著名的太行山前大道。太行山前大道上北端的河流渡口则建在古永定河上。

卢沟桥附近的永定河古渡口，是北京原始聚落形成的地理依据。华北平原河道密布、湖泊众多，古永定河等河流多为自西向东汇入渤海，与南北交通要道形成了交叉，跨越河流、南来北往的先民们就需要建立适宜的渡口。渡口的选择不能太靠近激流奔湍的上游，也不能贴近时患泛溢的下游。从理论上讲，渡口附近的地域与西山距离不远，又有临河之便，应当成为理想的城市选址地点。不过，永定河在夏秋经常泛滥成灾，迫使古人不得不另觅他处。最终，古人选择以蓟城作为城市基址，这也与蓟城附近的交通路线有密切关系。

从趋利避害的角度衡量，永定河古渡口不能成为早期城市的起源，先民们便选择了距离渡口不远且地势高亢、取水便利之处。今天的永定河河道已经固定，但历史上的永定河却因河道长期摆动不定而被称为无定河。在蓟城出现的商周时代，古永定河出山后分为南、北两支：北侧支流经过今天的八宝山之北、西直门、前三海、前门向东南流去；南侧支流经过今卢沟桥、丰台向东南流去。两条支流汇合于今马驹桥附近，它们此前分叉的原因就是两河之间有一处长形高地。这块高地符合《管子》关于城市选址"高毋近旱而水用足，下毋近水而沟防省"的思想，"两河夹一城"的态势也与许多中国早期城市的区位相契合，蓟城的选址也应该符合这个特点。

古代先民与南北方民族的交流通道，是影响城市原始聚落选址的决定性因素。沿着太行山东麓大道北上，经卢沟桥附近的古渡口再向北去，主要分为三条大道：向西北经南口走"居庸关大道"径去蒙古草原；向东北经古北口走"古北口大道"，到达燕山腹地和松辽平原；向东沿燕山南麓走"山海关大道"，可出山海关进入辽东走廊。三条交通要道的交会之处最容易形成早期城市，蓟城理应位于三条大道的交叉点上。历史地理与考古学证实，这个交叉点就在永定河古渡口东北 20 里、两条主要支流之间的高地上。该地遍布叫作"蓟"的野生植物，因此被称为"蓟丘"。蓟丘所在的原始聚落便是北京城的雏形，上升为城邑即称蓟城。

蓟城本是蓟国的都城，燕国灭蓟后遂迁都蓟城。秦汉时期的蓟城是华北平原北端的主要城市之一，其他城市也大多分布在广阔的永定河冲积平原或山前地带。由于农耕条件的限制，今北京市东南部在汉代仅有路县一座城市。直到隋唐时期，东南部的城市随着大运河的开凿才有所发展，而西山山麓和永定河冲积扇北部早已是州县遍布、人口稠密的重要农耕区了。

（二）永定河流域的交通孔道价值与农业经济概况

由蓟城向西北、东北、东三个方向的道路中，并没有包含永定河的河谷地带，但这并不能说明永定河流域没有道路交通意义。若将永定河流域视作一个整体，且与比邻地域相联系，我们便会发现，永定河流域也是北京周边地域一条重要的交通要道。

永定河流域贯穿蒙、晋、冀、京、津五省区市，是联系草原文化与中原文明的重要走廊。永定河跨越晋北高原与华北平原两大地理板块，流经游牧与农耕两大经济区域，沿河谷一线自古以来就是民族交往、商贸流通的通道，各种文化经此融合交汇。唐及唐以前，中国的政治、文化中心在西安或洛阳，成就了灿烂辉煌的秦晋文化、河洛文化。而随后的辽、金、元、明、清各朝则相继建都北京，将中国的文化中心向东转移。永定河谷地正是这文化"东移"的路径之一，它不仅为秦晋文化与燕赵文化的相连，更为西北游牧民族与中原汉民族的沟通创造了条件，从而使新的文化中心得以落户北京。

先秦时期奠定了北京地区交通道路的基本格局，后世继续改进道路通行状况和交通工具，增辟新的交通路线。在自然环境和人文背景制约下的交通路线具有显著的历史继承性，一旦开辟出来就很难从根本上被改变。当代北京地区通往区域之外的主要干道，就其历史渊源而言，都可以追溯到先秦时期。在这之后的北京交通发展，也主要围绕着这些道路的兴衰来展开。燕国在都城蓟城外，还建有下都（今易县武阳台）与中都（大约在今房山窦店古城）。都城之间，也应有连接它们的重要交通线。秦代上谷郡与广阳郡之间的主要交通路线就是在永定河河谷地带展开的。从秦代太原郡到代郡（今河北蔚县西南），再至上谷郡、渔阳郡，就抵达了燕地。从代郡到燕地，再经右北平直至碣石的这段道路，是秦塞上道路的东段。西汉沿用了秦代在燕地所修的驰道。幽州通往西北的孔道，集中在永定河流域的上谷与渔阳二郡。上谷郡居庸县有居庸关，是北京通西北的重要径道。在两汉及以后的战争中，无论是中原政权的出击还是北方少数民族势力的南侵，都多次进出居庸关。由上谷、渔阳通西北的道路可大致分为两条：一条为幽州通雁门、代郡之路，并由此远及云中、九原等西北塞上诸郡，这是在秦塞北大道基础上形成的通道；另一条从幽州通往匈奴腹地。

隋唐时期是永定河流域道路建设的另一重要时期。隋炀帝时期完成的大运河可南通江淮，幽州与繁荣的都城长安和大都会洛阳的联系也更为频繁。经过北朝时期长期的民族融合，幽州与西北和东北游牧民族的交往十分密切。隋朝征讨高句丽的战争，使涿郡成为重要的军事基地，促进了涿郡通往东北道路的发展。隋唐时，幽州通西北及塞北的道路虽沿用前代旧道，但使用频率远超前朝，并且有所延伸与扩展。唐后期幽州与华北平原的交通受阻，去往长安的道路改为西北行，从居庸关经蔚州取道太原至长安成为常途。

永定河流域的农业起源于新石器时代，原始农业萌芽于太行山前台地。位于门头沟区的东胡林人遗址，见证了早期农业的诞生。在东胡林人遗址中，发现了具有明显人工打击痕迹的石英岩片，但并没有陶器和农业生产工具的出土，表明这一时期的人们以采集、狩猎作为主要生产方式。到了昌平雪山遗址为代表的新石器时代晚期，出土的原始农业生产工具已有石刀、石磨盘、石铲、石镰等。商周之时，燕国都城位于今房山董家林，这个城邑至少在商朝末年就已存在。在西周铜鼎铭文中，有封召公于"匽"的记载。召公参加燕国耕田的礼仪性活动，体现了重视农业生产的态度。

关于秦汉时期永定河流域的农业发展情形，可以东汉后期幽州牧刘虞命人屯田为例说明。两汉时期，幽州是边地屯田的重点区域之一。东汉中平五年（188年）汉朝宗室刘虞被任命为幽州牧以平息战乱。刘虞进驻蓟城后，"罢省屯兵，务广恩信"，减轻屯田士卒的负担，积极发展农业生产，抚恤饱受战乱的民众。面对战乱造成交通处处断绝以致无法运输的形势，刘虞"务存宽政，劝督农植，开上谷胡市之利，通渔阳盐铁之饶，民悦年登，谷石三十。青、徐士庶避黄巾之难归虞者百余万口，皆收视温恤，为安立生业，流民皆忘其迁徙。虞虽为上公，天性节约，敝衣绳履，食无兼肉，远近豪俊夙僭奢者，莫不改操而归心焉"。[①] 在鼓励垦田耕种的基础上，刘虞通过开放上谷郡与境外少数民族的商业贸易、开发渔阳的矿产资源恢复凋敝的经济，在大动乱的东汉末年稳定了幽州地区的社会秩序。幽州地区的相对安定，吸引了躲避黄巾起义的百余万青州、徐州之民前来归附。刘虞予以收留和妥善安置，使他们摆脱了流离迁徙的伤痛。人口数量的上升意味着劳动力的增加，在传统社会尤其具有重要意义，青徐之民的到来无疑为幽州地区的农业开发注入了新的动力。

隋唐时期，永定河流域的农业开发以唐高宗永徽年间裴行方在桑乾河（即永定河）下游引水灌溉土地、种植水稻最为典型。据《册府元龟》记载："裴行方检校幽州都督，引卢沟水广开稻田数千顷，百姓赖以丰给。"从幽州地区水利开发的过程考察，应是将卢沟水向东引入高梁河，以此灌溉沿途的农田乃至种植水稻。唐代河北道幽州屯田共有"五十五屯"，其中永定河沿线必然是幽州屯田的重点区域之一。

---

① ［南北朝］范晔：《后汉书》卷七十三《刘虞传》，百衲本景宋绍熙刻本。

三、永定河与北京城的水源水系

自古以来，永定河就是北京城所依赖的主要水源，是永定河水滋养着北京城。从蓟城初立，到战国燕都、唐幽州城、辽南京城、金中都城，都是由蓟城在同一地点发展起来的不同阶段的城市。这些城市的主要水源都是永定河。

(一)城市初兴时期的灢水水系概况

永定河具有北方河流的典型特征：年内径流分布严重不均，河水含沙量高，河道坡降较大。依据郦道元所著《水经注·灢水》，灢水的流向为自今山西朔州境内发源后，经过今河北蔚县、涿鹿进入今北京市境内。河水在官厅附近开始穿越西山山峡地段，奔腾穿行在深山峡谷之中。流出西山后的河段称为"清泉河"，继续向东南流到良乡县(治所在今北京房山区窦店镇西南土城)北部，又经过梁山南侧，转而东流，经过广阳县故城(即今房山区良乡镇东北 10 里广阳城村)以北。由此再转为东北方向，经过蓟县故城南，也就是今北京广安门一带的南侧。

两汉时期，永定河水系在蓟城附近称为高梁水。高梁水的名称最早见诸《水经注》，并且在《水经注》中出现不止一次。不过，通过文献分析，可知不同注文下的高梁水实为同一条河流，今西直门北侧的高梁河即高梁水的一段故道。《水经注·灢水》篇中提及的"高梁之水"是一条自然河流，与《水经注·鲍丘水》所记"高梁水"结合，可知高梁水发源自石景山附近的灢水，向东流经八宝山、田村、半壁店之后，由今紫竹院向东，经高梁桥至今德胜门，再南折向今积水潭、什刹海、北海、中海，穿过今长安街人民大会堂西南，再向东南流经前门、金鱼池、龙潭湖，经左安门以西流向十里河村东南，又与灢水相合。

关于高粱水的河道走向，还有一种看法是其上游河道为两条：一条是接通漯水（永定河）的渠道，位置偏西；另一条是发源于蓟城西北的天然河道。这两条水道在今白石桥附近汇合，沿今高粱河道流至德胜门一带又分为两支：一支是南行的"三海大河"，过前门、天坛东北，出左安门，经十里河又注入漯水；另一支自德胜门沿今北护城河向东，经过今坝河，至通州入温榆河。① 不过，两种说法都认可高粱水的水源部分源自石景山附近的漯水，这是没有疑问的。

（二）永定河的莲花池水系是早期北京城市的水源地

北京的地形特点决定了河流多是从西、北方向向东、南流动，永定河的流向恰好符合蓟城的用水需要。蓟城早期的水源地便是从属于永定河的莲花池水系。今天北京西站南侧有一处莲花池公园，公园面积不大，但确曾是蓟城的主要生活来源用水，民间有"先有莲花池，后有北京城"的说法。那么，莲花池水系是如何影响蓟城百姓生活的呢？

古代，莲花池曾称"西湖""太湖""南河泊"，因广种莲花故称"莲花池"，是北京古城供水的主要来源。较早记述莲花池的是郦道元的《水经注》。该书写道："漯水又东与洗马沟水合，水上承蓟水，西注大湖，湖有二源，水俱出县西北，平地导源，流结西湖。湖东西二里，南北三里，盖燕之旧池也。绿水澄澹，川亭望远，为游瞩之胜所也。"大多数学者认为这里的"西湖"就是今天的莲花池，如果确是如此，则说明至少在北魏时期，莲花池已经是碧波荡漾、风景秀丽的游览胜地了。

莲花池流经蓟城门外，称为莲花河，据说是铫期奋戟之处。刘秀起

---

① 蔡蕃：《北京古运河与城市供水研究》，北京出版社，1987年，第13页。

于河北，在其称帝之前，受命于更始帝刘玄。更始元年（23年），刘秀持节宣抚河北各地，在北巡至蓟城时，已在邯郸称帝的王郎向蓟城发布檄文，以食邑十万户的高额赏金悬赏缉拿刘秀。广阳王子刘接等起兵响应王郎。蓟城内顿时风云变幻、流言四起，刘秀迫于形势不得不从城中撤出，但意外发生了。两汉之际的蓟城，城内人口众多，在刘秀与随从准备从蓟城撤出时，却被围观的百姓阻塞道路，人马不得出。正当进退无路之时，自河南追随刘秀的铫期纵马当先，扬戟瞋目，准备为刘秀拨开人群，喝令左右道："跸！"据《汉仪》记载，皇帝出行时"出称警，入称跸"，可见"跸"字是皇帝巡行回去时的专属字眼。百姓见铫期"瞋目叱之"，纷纷退去。刘秀在众人护送下来到蓟城南门，发现城门已经关闭，铫期等人挥兵攻破城门，刘秀才得以逃出。

传说刘秀曾在蓟城南门外的河流洗马，该河遂称为"洗马沟"。据《水经注》记载，洗马沟是今莲花池的前身"西湖"向东南流过蓟城的河流，经蓟城南门后，又向东南注入今永定河的前身"㶟水"，洗马沟河故道即今莲花河至凉水河一线。

因为莲花池对北京城的重要性，20世纪八九十年代侯仁之先生先后撰写文章《莲花池畔再造京门》和《从莲花池到后门桥》，大力呼吁保护和修复莲花池。最终，原有的北京西站规划建造方案被修改，莲花池遗迹被保留下来。2019年，莲花池公园又进一步扩容增修，修复原貌，北京城的这一生命印记因而得以留传。

第三节　扼塞观流，城之要津

石景山区位于北京市城区西部，今区域东西宽约 12.25 千米，南北长约 13 千米，总面积 85.74 平方千米①，仅大于北京老城所在的东城区与西城区。石景山区历史上曾长期作为县级行政区，1952 年石景山设区并延称至今。石景山区的出现，与这片地域的地理优势密切相关，区境在西山永定河与北京城关系中地位重要。早在北京成为都城发端的金中都出现之前，今石景山区境内便以"城之要津"的地位成为蓟城与幽州的西部门户。早期永定河对石景山区地貌的塑造作用孕育了区境内历史悠久的水域文明，石景山、金顶山、八宝山等起伏低缓的山丘蕴藏着源远流长的宗教文化。

一、山川形胜与建置沿革

石景山区虽然区境面积不大，但因位于北京市西部山区向平原的过渡地带，区境内地貌形态多种多样，地势上呈现出西北高、东南低的特点。在区境北部，是连绵起伏的山地，属于太行山北端余脉向平原的延

---

① 北京市石景山区人民政府网站，http：//www.bjsjs.gov.cn/sjsview/。

伸部分，山峰林立，有克勤峪（曾称荐福山）、天泰山、翠微山、青龙山、虎头山等 40 余座山峰，属于区境内海拔最高的地域。由北部向中部延伸，海拔逐渐降低，有石景山、金顶山、老山、八宝山等残丘横亘其间。区境南部为永定河冲积平原。石景山区境内最高处为北部的克勤峪，海拔 797.6 米；最低处为东部石槽东南的农田，海拔仅 58.1 米。① 从整体地势来看，石景山区的地形特点与北京市整体地势是一致的。

在地形起伏、山峰错布的区境西侧，流淌着北京城的母亲河——永定河。今天的石景山区西部与门头沟区大体以永定河为界。历史上的永定河曾有灅水、湿水、清泉河、高粱河、桑乾河、卢沟河、浑河、小黄河、无定河等称谓，是一条易于决口改道的河流。历次永定河决口改道大多以三家店为顶点，决口后的滔滔河水首先扑向的，就是今天的石景山区。现有考古发掘与出土文献已可相互印证，石景山区境内河流故道颇多。自秦汉时期以来，古人已意识到永定河改道对中心城市的影响，于是在区境内修建了多处水利工程，如戾陵堰、车箱渠等。石景山境内连续不断的水利工程兴修史，已成为石景山区域历史文化的重要组成部分。

石景山区的得名来自于其西部的一座赫赫有名的"仙山"——石景山，该山主体海拔高度虽只有 183 米，但因西临永定河而孤峰独立，在历史上被视为永定河出山后的第一地理标志。石景山在历史上的名称还有"石井山""石径山""石经山""湿经山"，据明代后期的《重建石景山天主宫碑记》记载，石景山"雄峙一方，高接云汉，钟灵秀之气，郁造物之英，真

---

① 北京市石景山区地方志编纂委员会编：《北京市石景山区志》第二编《自然环境》，北京出版社，2005 年，第 88 页。

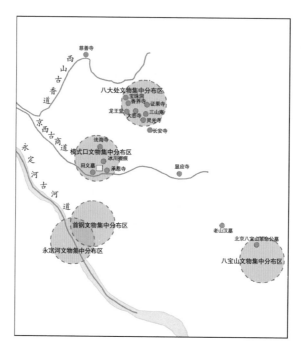

图 1-5　石景山区文物集中分布区示意图①

为燕都之第一仙山也"。历史上曾有人把石景山的地域特点描述为"东临帝阙，西濒浑河"，所谓"帝阙"即为北京城，而"浑河"则为永定河。明代许用宾所作《重建石景山玉皇殿碑略》将石景山出现佛教寺庙的年代上溯至唐代武德年间。② 石景山上原有石经台、普观洞、普安洞、还源洞、孔雀洞等胜记，也有"清泉古井""晒经刻石"的传说典故，加之周边地域佛道建筑林立，由此便有了"燕都第一仙山"的美誉。石景山位于永定河

① 图片改绘自：《石景山分区规划（2017 年—2035 年）》文化传承结构规划图。
② 许用宾《重建石景山玉皇殿碑略》："京西四十里许，山日石经，又云湿经，亦名石景，燕都第一仙山也。自唐武德中建玉皇殿，岁久倾圮，万历甲寅岁修葺，乙卯岁告成，故勒石以垂不朽云。"

的出山地带，交通便利，民国初年石景山附近建有铁厂和发电厂，逐渐成为京城能源的主要供给地和工业发祥地之一，"石景山"地名属性逐渐从特指山峰延展到指代地域，因此1952年在对城区进行重新命名时，石景山成为西山山前、永定河西岸地域的专属名称。

在1952年划定区域、确定区名之前，石景山在历史长河中多以属县地域存在。自秦始皇确立郡县制以来，石景山区境长期从属于蓟县。唐代后期蓟县西部分设幽都县后，区境又改属幽都县。后幽都县改为宛平县，区境便为宛平县辖地。民国初期区境工业的起步，促进了石景山与北京城的交通建设。南京国民政府时期，在将"北京"改为"北平"后，确定北平市辖境范围时，将今区境北部划归北平特别市西郊区，南部仍属宛平县辖地。这是今天石景山地区为城市行政区管辖的开始，具有标志性意义。早在北平市和平解放前，今石景山地区已建立人民政权。1948年12月21日，中国人民解放军北平市军事管制委员会将石景山地区划为北平市第二十七区，为石景山区独立建置之始。当时二十七区辖境曾一度扩展到99平方千米，比今天的石景山区还要大。其后，二十七区先后改称十九区、十五区，辖区面积增加到124平方千米。1952年8月，北京市人民政府决定将第十五区改称石景山区。至此，石景山区正式出现在北京行政区划版图中。

二、城与山：从历史疑云中走出的蓟城与石景山

石景山地区有着悠久的人类活动历史，1950年考古工作者曾在石景山上发现了距今约4000年的龙山文化时期的鱼骨陶器，说明最迟在此时石景山地区已有相当数量的人群聚集，并产生了早期手工业。在夏、商、周时期，石景山距离王朝统治中心地域较远，有关石景山地区早期历史追溯往往集中在蓟城位置的探索上。

在商代,中原王朝的辐射地域开始向周边拓展,今华北平原北部作为商王朝的附属,以方国形式存在。目前学界多认为在商代后期,在今北京市境内已经存在了一个规模不大的方国——蓟。但是,关于蓟城所在地,目前学术观点仍未统一。不过,学界确有一点共识,即都将蓟城作为北京城的起源。故关于蓟城的准确位置吸引了历史学界、考古学界的长期讨论,一些地方文史爱好者也参与其中。为明确早期蓟城与石景山区的关系,下面对各种观点进行简要述评,并尝试进一步推论。

(一)关于早期蓟城位置与石景山关系的争鸣

关于蓟城位置,当前学术界大多认为在今广安门一带,这种观点根据先秦至魏晋间的历史文献,并结合 1957 年广安门外发现的战国前遗址,推测蓟城在北京外城西北部,并将白云观以西的高丘推测为古代蓟丘遗址。[①] 20 世纪五六十年代,随着北京城市建设而引发的考古热潮,将考古学界引入了蓟城位置的研究中。考古学者在会城门村直到宣武门豁口一带发现了 151 座陶井及大量陶片。同时,在白云观以西曾有一个很大的土丘,土丘已被破坏,附近地面散布着很多战国时期陶片,考古界也倾向于将广安门附近认为是蓟城所在。[②]

学界对蓟城位置的疑问始于石景山区境内西晋华芳墓志的出土。1965 年,八宝山南侧修筑地铁时,发现了西晋王浚妻华芳墓一座,出土器物中有晋代骨尺等零星器物与墓志等物(见图 1-6)。墓志记载,华芳于永嘉元年(307 年)"假葬于燕国蓟城西二十里"。墓葬的年代确切,墓地与蓟城的相对方位、里程也记录得十分明确。就等于说,从葬地往东 20

① 侯仁之:《关于古代北京的几个问题》,《文物》1959 年第 9 期。
② 苏天钧:《北京西郊白云观遗址》,《考古》1963 年第 3 期。

里，就是西晋时期的蓟城。之前普遍认可的广安门附近蓟城与八宝山距离更远，因而有观点认为广安门附近不是西晋时期的蓟城，而是早期蓟城。有观点以东汉为时限，东汉以后为后期蓟城，东汉之前则是早期蓟城。①

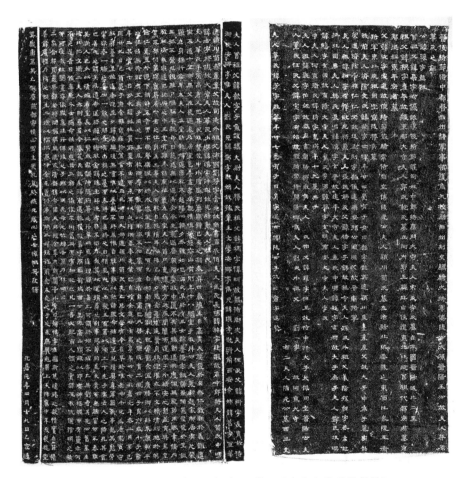

图 1-6　西晋华芳墓志铭拓片（石景山区文化和旅游局提供）

---

①　赵其昌：《蓟城的探索》，《北京史研究》，北京燕山出版社，1986 年。

石景山区境内出土墓志，给蓟城位置探索提供了更多的可能性。顺此思路，学界有前、后蓟城的说法，并开始了对早期蓟城位置的溯源，这种溯源又可分为两种观点：一种是在肯定早期蓟城位置的前提下探索城址变迁；另一种则是从他处重新寻找早期蓟城的遗迹。

前一种观点在认同早期蓟城位于广安门一带的同时，认为蓟城可能有陪都存在，陪都的位置在蓟城西侧，大致位于广安门以西、八宝山至石景山以北地区，蓟人以此作为避开并抵御山戎南下侵掠的缓冲地带。这也正是燕国迁都之后建置宁台、元英、曆室诸宫，并曾储放乐毅破齐收回的燕国"故鼎"及夺取的齐国器物的地方。蓟城陪都的具体方位大致在今石景山区模式口至金顶山一带①。在考古学领域，依据先秦的考古材料，有观点认为早期蓟城在后期蓟城的西侧不远处，两处蓟城有重合叠压关系。② 后一种观点实际上是对前一种观点将蓟城定位于石景山区境内的发展。这种观点认为早期的蓟丘即今天石景山区境内的金顶山，而燕国遗址宁台则是今天的龟山。早期蓟城完全在今石景山区境内。

(二)早期蓟城与石景山相对关系的认识

早期蓟城留存至今的文献并不多，且有记载差异之处，郦道元注《水经》是依靠当时的各种文献汇集而成，虽然郦道元住所距离蓟城不远，但目前并没有明确证据表明郦道元曾到蓟城考察。而中华人民共和国成立后，首都北京城市建设的飞速发展，部分考古遗迹被湮没在钢筋水泥下，再度进行大规模的考古发掘已难实现，因此"二重证据法"中的地上文献与地下文献均没有对蓟城所在地的确切支撑，这是目前对蓟城位置存在

① 常征：《辨蓟丘》，《中国古都研究（第一辑）》，中国古都学会第一届年会论文集，1983年。
② 陈平：《古都变迁说北京——北京蓟辽金元明清古都发展轨迹扫描》，华艺出版社，2013年。

观点差异的客观原因。对于蓟城位置的探索，离不开对传世文献的解读和考古资料的发现。不过，目前虽一时不能判明蓟城方位，我们仍可通过一系列合理推论缩小蓟城位置的范围。

考察蓟城地理位置，从文献学角度离不开对于"蓟丘"的判断。战国时期，七雄纷争。在燕国乐毅伐齐后，曾向燕昭王上书汇报战果，其中有"蓟丘之植，植于汶篁"之语。在北魏郦道元所作《水经注》中，也有"昔周武王封尧后于蓟，今城内西北隅有蓟丘，因丘以名邑也"的记载。"蓟丘"二字，可分开认识，"蓟"属菊目菊科植物，是一种多年生草本植物，地域分布广泛，多生长在低海拔地区，适宜排水良好的地区。据《说文解字》载，"丘"为"土之高也，非人所为也"，则"丘"多指代自然形成的小山、土包等。了解"蓟""丘"二字含义，我们可复原出早期蓟城所在蓟丘的自然环境，蓟丘应当是距离河流、道路不远的一处高地，排水良好，在此建筑城池不易受水患影响。20 世纪 50 年代，在今白云西里蓟城西北隅还有土丘遗存，上面散落着许多战国、秦汉时期的陶片。在土丘附近发现的古井中，曾出土有战国时期的陶罐，陶罐口沿上刻有"蓟"字陶文。20 世纪 70 年代，土丘在城市建设中逐渐消失。

近年来，有观点利用关于古高梁河的最新考古成果，结合地貌学、考古学、历史地理学的方法，确定古高梁河形成在四五千年前，下限在西汉末年至东汉初年，而古蓟城则位于古高梁河与古㶟水之间的台地上，两河夹一城的态势符合中国早期城市选址的一般特点(见图 1-7)。与蓟城同时代的早期城址，多发现于距河较远的高地上，且古代交通道路对早期城址的选择有重要作用。早期蓟城的方位也应遵从城址选择的一般特点。

单纯将蓟城定位在石景山区境内，从中国早期城市选址的特点和史

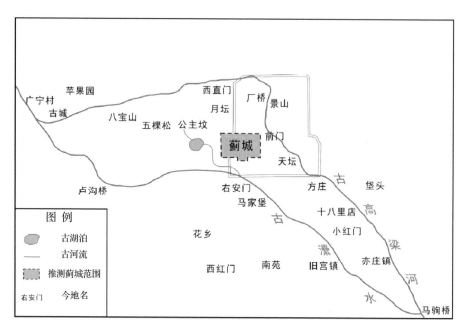

图 1-7　古高梁河与古蓟城位置图①

料依据两方面都有进一步商榷之处。从地理形势上看，古人对城市选址
十分看重，早期城市一般发育在河流的二级台地的交会之处，从今天复
原的北京小平原先秦时期河流走向来看，劈开古高梁河与古㶟水的扇脊台
地是蓟城选址的最优解，而石景山、金顶山等则不符合"两河夹一城"的
地理形势。早期蓟城位于太行山前大道、通过居庸关出西北、通过山海
关出东北三条交通要道的交会处，这一认识已是学界的共识。如果蓟城
在石景山境内，则由蓟城向东北出发向东绕路或者需要跨越今海淀、昌
平境内的重重山峦，古人一般不会在此筑城。此外，永定河作为善决易

---

　　① 图片来源：岳升阳、马悦婷、齐乌云、徐海鹏：《古高梁河演变及其与古蓟城的关系》，
《古地理学报》2017 年第 4 期。

徙的河流，每次决口、改道都会给周边地域带来大量泥沙淤积，而石景山区境在每次改道时又多首当其冲。如以当今地貌判断早期蓟城附近的地理环境，则是忽视了泥沙淤积对地貌的抬高、塑造作用。

认为石景山地区就是早期蓟城所在，还有文献与考古依据方面的不足。在严谨的历史学研究中，对文献材料的选取尤其需要注意史料形成的时代。以明清材料作为解释先秦时代的依据，犹如今天让我们去说清秦汉的历史一样，是难以取信于人的。从《水经注》的相关记载来看，如果蓟城位于石景山境内，就不会再有蓟城北侧的记述了，因为蓟城之北已是层叠的山峦。另外，从目前考古发现来看，将石景山定位在早期蓟城附近也是证据不足的。目前发现的先秦时期城址一般要素，大体包含城市范围的确定、城市内部交通及主要建筑的构成、城市附属设施的建设等，这些考古发现在石景山尚未有明确的考古材料证实。而目前的考古发现已证实后期蓟城有叠压前期蓟城现象。那么，早期蓟城当位于后期蓟城的西侧不远处。仅依据两千多年后的石景山地区地形、地貌便推断先秦时期的情况，既没有完整可信的材料印证，也忽视了两千年来永定河对地貌的塑造作用，因此是有待证实的。

虽然难以将早期蓟城认定在石景山境内，但是石景山作为蓟城西大门的重要性不可忽视。作为永定河的出山口，石景山对永定河的地貌塑造作用持续而明显，直接影响着蓟城最后的定位。早期永定河正是在石景山分为两支，南北分流后又在蓟城附近合流。如果没有石景山对河道的影响，就不会有蓟城的城市选址。同时，作为蓟城西部由山区到平原的过渡地带，石景山对蓟城西侧地理保护作用同样重要。因此，我们可以说，如果没有石景山，就不会有早期蓟城，也就不会有延续千年的古都北京。

三、河与城：早期永定河的水环境变迁对石景山及蓟城的影响

(一)秦汉时期的石景山及永定河道变迁

秦代废止分封制实行郡县制，今石景山区境内属于蓟县辖境近千年。燕王喜二十九年(前226年)，秦兵攻占燕都蓟城。秦王政二十六年(前221年)，石景山地区属广阳郡蓟城蓟县地。此后，虽蓟县所属，有时为郡，有时为国，但蓟县本身的行政建置长期稳定。自秦汉至魏晋南北朝，蓟城完成了由诸侯国都到北境屏障的角色转变，蓟城与西侧的古永定河联系不断加强，而今石景山则成为蓟城与永定河沟通的纽带。

两汉时，永定河被称为"㶟水"，河道发生了迁移。成书于三国时代的《水经》称㶟水"又东南出山，过广阳蓟县北"，这里所述河道当为东汉情况。㶟水河道以石景山为出发点，经八宝山、田村、半壁店、紫竹院，由德胜门以西进(北京)城，通过城区，在左安门附近、贾家花园出城，流向马驹桥。时过近300年，北魏人郦道元注释这段《水经》时，却说"㶟水又东北，迳蓟县故城南"。在这里，郦氏否定了《水经》所谓㶟水"迳蓟县北"之说。其实，不是《水经》出现错误，而是河道又迁徙了。㶟水迁徙的年代是汉代，由于汉代是北京地区洪水频发的时期，永定河的平稳状态被打破，永定河向南摆动，摆动的顶点由石景山附近下移至老山、八宝山以南的区域。改道后的㶟水在今石景山区境内也有向南摆动迹象。

在《水经注》中，今石景山区境的水环境有了更为明确的记载。《水经注·鲍丘水》云："鲍丘水入潞，通得潞河之称矣。高梁水注之。水首受㶟水于戾陵堰，水北有梁山，山有燕刺王旦之陵，故以戾陵名堰。水自堰枝分，东迳梁山南，又东北迳《刘靖碑》北，……又东南流迳蓟县北，又东至潞县注入鲍丘水。"《水经注》明确记载了在高梁水之北有梁山，梁山

有燕刺王刘旦之陵，名为戾陵，又有以"戾陵"为名的水利工程为戾陵堰。关于梁山的具体位置，今天有石景山、老山、黑头山三种说法，不管是哪座山峰，都位于今石景山区境内。燕刺王刘旦所葬戾陵及戾陵堰、车箱渠都是石景山区在汉魏时期重要的文化遗产。

(二)石景山早期水利工程——戾陵堰及车箱渠

根据《水经注》，戾陵位于梁山上，是汉武帝第三子刘旦之墓。刘旦于元狩六年(前117年)四月被封为燕王，国都为蓟城。刘旦于汉昭帝元凤元年(前80年)谋反，后败露自杀。刘旦死后，燕国国除，朝廷以其暴戾无亲，谥曰"刺王"。戾陵本是北京散布的众多汉墓之一，但却因三国时期的水利工程戾陵堰而为世人知晓。

今石景山区与古永定河的联系始于三国曹魏时期。[1] 据《水经注·鲍丘水》，戾陵遏创修于嘉平二年(250年)，刘靖派遣下官丁鸿，率甲士千余人，"导高梁河，造戾陵遏，开车箱渠。"刘靖创修戾陵遏作《遏表》[2]记述了戾陵遏的运作原理，戾陵遏(又称戾陵堰、戾陵大堨)实际上是将高梁河根据水量大小导入不同渠道，水量大则东流，水量小则自蓟城北门入，戾陵遏发挥的主要是灌溉功能，类似于成都平原上的著名水利工程都江堰。可以达到"灌田岁二千顷。凡所封地，百余万亩"的效果。除戾陵遏外，这一时期重要的水利工程还有车箱渠。

据《水经注·鲍丘水》，车箱渠开凿于嘉平二年(250年)，至景元三年(262年)时，皇帝发布诏书，因蓟城附近人口日繁，但是通过陆地向北疆转运粮食负担过重，因此派遣专门治水的官员(河堤谒者)樊晨重新改造

---

① [晋]陈寿：《三国志》卷十五《魏书·刘馥传》，百衲本景宋绍熙刻本。
② [南北朝]郦道元：《水经注》卷十四《鲍丘水》，清武英殿聚珍版丛书本。

水门。改造后的水门，水流沿着车箱渠，自蓟城西北流过昌平县，而后东折汇入渔阳郡潞县（今北京通州区附近）。车箱渠流程长达四五百里，整体流向为东西向，其所穿行蓟城东部地域中包含今石景山区辖境。改造后的车箱渠灌溉土地数量大增，达1万余顷。《水经注》评价车箱渠是"施加于当时，敷被于后世"的惠民水利工程。

戾陵堰的位置，根据石景山附近地形地质条件与文献的记载分析，应位于石景山麓西北，而不可能在山南，车箱渠应是从石景山与鬼子山之间向东开出的一条石渠（见图1-8）。根据《水经注》的记载，戾陵堰的主要结构是，"主遏"即堰主体，"石笼"是荆柳编笼或竹笼装石，堰体是用石笼叠砌而成，高度只有一丈。水门立于北岸（左岸），"立水十丈"指水门处水深，应设有闸门控制。当洪水暴发时，可以从堰顶溢流东下，平流时由堰体截水自水门北入车箱渠。车箱渠自戾陵堰北水门东引，大约开凿了山区的一段石渠，然后沿新疏导的高梁河道向东行。据考证，约7000年至9000年前古永定河出石景山后，曾向东北行至今昆明湖附近，经肖家河入清河。后来河道南徙，大约从老山附近向东行，经北京城中部，近代称作"金钩河"的宽广河床是其遗迹。到了开车箱渠的年代，这些古河道已断流，车箱渠可能利用了部分旧道重新疏浚，最后与天然的高梁河相合，这便是高梁河的西段。

戾陵堰和车箱渠修建后，蓟城的四周大体都包含在灌溉范围内。据《水经注》记载："水流乘车箱渠，自蓟西北径昌平，东尽渔阳潞县，凡所润含，四五百里，所灌田万有余顷。"可见蓟城的西北、东北、正东和东南都应在灌溉网内，当时还应将高梁河各支及城郊附近湖泊尽量加以利用。

车箱渠与高梁水汇合后东流，过今西直门北，至德胜门附近分为两

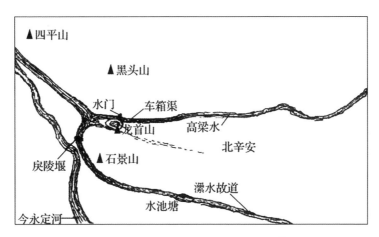

图 1-8　戾陵堰与车箱渠位置示意图①

支：一支继续东行，过今和平里接坝河入潞水（温榆河）。这条水道当时
可能也是利用古河道疏浚整治而成。另一支沿所谓"三海大河"的方向向
南流。"三海大河"正是古高梁水主河道，流经积水潭、什刹海、北海、
中南海等，然后东南流经今石碑胡同、高碑胡同、人民大会堂西南，过
正阳门、鲜鱼口、长巷三条、芦草园、北桥湾、红桥，经龙潭湖流出城
外，再过十里河、十八里店至马驹桥入湿水（约相当于现在的凉水河道）。
因此，两处水利工程的修建，不仅给蓟城提供了稳定的水源，还影响了
永定河河道的迁移。

　　刘靖创修的戾陵堰和车箱渠，堪称北京历史上第一项大型导引古永
定河水灌溉蓟城南北土地的水利工程。两处水利工程当修建在㶟水由西向
东流而又转向南流的河道拐弯之处。但因年久失修，两水利工程亟待疏
浚治理。西晋元康五年（295年）六月，戾陵堰坝体遇暴雨受损，仅剩北岸

①　改绘自吴文涛：《北京水利史》，人民出版社，2013年，第48页。

有 70 余丈的河堤。时任"持节监幽州诸军事"的刘靖之子刘弘采取复建河堤、修复被冲毁的石渠、维修主遏、改造水门等治水措施,取得良好成效。治水之后的十月十一日,蓟城官员为铭记刘氏治水功绩,刻石立表,作为后世垂范。总结戾陵堰与车箱渠的修建、维护过程,可以看出两处水利工程的修建出发点皆为人工改造水体走向,从而用来灌溉农田,养给百姓。

西晋的大一统局面很快被十六国的乱局取代,蓟城不再是中原王朝东北部的军事屏障,戾陵堰与车箱渠在发挥功用数十年之后逐渐荒废。至北魏孝明帝时期,北方基本稳定,朝廷又有修治之举,其代表人物是幽州刺史裴延儁。裴延儁在考察当时幽州最主要的水利工程督亢陂和戾陵堰、车箱渠后,向朝廷提出了修复方案。在获准后,他亲自查勘地形,劝勉地方官员分段修缮,整修后的灌溉面积达百余万亩之多。石景山地区的早期水环境改造塑造了西山永定河与北京城的关系,而这又是由石景山地区的重要地位决定的。

(三)考古发现的石景山早期社会环境

作为秦汉以来蓟城西部的重要地理屏障,石景山地区山峦叠翠、河道交叉,成为古人眼中的风水宝地,常将墓葬定于此处。近代以来,石景山地区常有考古发掘,各种出土的考古材料反映出石景山早期的社会环境变化。

今石景山区在汉晋时期的考古发现,除了前文所述西晋华芳墓外,还有汉代石柱石阙及西晋家族墓等。汉代石刻发现于 1964 年,在上庄村东陆续发现石表、石柱、石础、石阙顶等汉代石刻 17 件,其中石柱正面刻有"汉故幽州书佐秦君之神道"。西晋家族墓地于 1983 年在老山西侧南

图 1-9　老山汉墓考古现场（石景山区文化和旅游局提供）

坡下发现，墓室内中央并排有三个墓穴，今人判断为姑叔侄墓，同时出土的器物有陶罐和钵等。相比西晋华芳墓，石景山地区的汉墓考古更为突出，典型代表是老山汉墓的考古发现（见图 1-9）。

老山位于石景山区东部，是永定河冲积扇上的丘陵状岛山，海拔最高处为 130.4 米。老山汉墓是石景山区发掘的第一座王侯级别的汉代墓葬。老山汉墓发掘为 2000 多年前的汉代北京地区的政治、经济、文化和北京城市变迁以及汉代王陵建制的研究，提供了实物资料。老山汉墓第二阶段发掘因中央电视台的报道，更是轰动一时。2000 年 2 月，老山汉墓因被盗掘而进行抢救性发掘。汉墓整体依山而建，封土有七八米高。墓主是一青年女性，年龄在 25—30 岁。据说在此墓以西约 100 米处，还有一座大墓，很可能是女墓主的丈夫汉王墓。因为汉代的帝王墓多是同坟异穴，相距不远。今人推断，墓主很可能是广阳穆王刘舜（刘建之子）

或广阳思王刘璜（刘建之孙、刘舜之子）的王后。

与 1974 年发掘的大葆台汉墓类似，老山汉墓也采用了独特的"黄肠题凑"葬式，即将树木成根整齐排列作为墓室。大葆台汉墓的"黄肠题凑"以柏木为主，老山汉墓除了柏木外，还大量使用了栗木。松树、柏树是华北地区常见的树木，为什么老山汉墓出现了规模庞大的栗木呢？专家认为，这是柏树资源减少的结果。大葆台汉墓是广阳顷王刘建墓，其在位于汉宣帝本始元年（前 73 年）至汉元帝初元四年（前 45 年）。老山汉墓墓主应是刘建之子广阳穆王刘舜（前 44—前 24 年在位）或刘建之孙广阳思王刘璜（前 23—前 3 年在位）的王后。在修建大葆台汉墓时，北京附近的大部分柏树已经被砍伐掉了。因此，到了修建老山汉墓的时候，柏树已所剩无几，柏木严重不足，只好将栗木作为柏木的替代用品，堆砌了并非"黄肠"的"题凑"。老山汉墓与大葆台汉墓"黄肠题凑"所用木材的变化，为我们提供了石景山及其附近地区森林生态变化的重要信息。人类对森林的过度砍伐，会严重影响生物的多样性。现在北京附近的天然林很少，天然的松树、柏树更是极为罕见。这同历史上森林遭破坏有直接的关系。保护森林树木，特别是古树名木，已成为改善首都生态环境的重要方面。

老山汉墓出土的器物，对了解汉代北方的手工业、商业发展有重要价值。老山汉墓发掘出的漆器色泽光亮、造型精美。西汉时期，漆器在南方地区很流行，北方地区则不多见，非王侯之家难以见到。漆器制作工序复杂，分工精细，制作工艺要求很高，甚至成为西汉时期入葬炫富的时尚物品。过去发现的漆器一般是描花样式，而这次在老山汉墓中发现的却有别于此，这在汉代考古中实属罕见。由此也可以推断出墓主身份显赫。

老山汉墓的考古发现，是石景山地区对北京考古学发现的重要贡献。近年来，考古学家、古生物学家相继对老山汉墓的女性墓主进行了体质人类学、分子生物学和计算机模拟三维人像复原等综合性研究。老山汉墓出土的植物遗存（果实、种子），可以证明在西汉时期的燕国食用和种植的农作物有黍、粟、大豆等。西汉时期北京西山地区的自然植被虽遭到砍伐或火烧（作为薪柴）的人为性影响，但就总体上看，当时西山地区仍覆盖有天然森林，当时的历史气候应是北京地区 3000 年以来最为温暖和湿润的气候期，在山前湿地（湖泊、沼泽）发育，水生植物丰富。老山汉墓有助于论证北京地区自然环境的变化和人为活动的影响过程。

1997 年，石景山区文物管理所对八角村西北部发现的墓葬进行发掘，八角魏晋壁画墓重见天日。墓室前室墙壁发现 4 处壁画，从壁画显示的墓主服装饰物来看，该墓葬反映的是魏晋时期的墓葬风格。考古学家对八角魏晋墓及壁画进行了深入研究，认为该墓的年代为西晋晚期到十六国初期。石墓壁画展示的墓主形象是改进东汉图样后，创新于幽州地区的新图式，体现了与幽州鲜卑的文化联系。值得注意的是，该墓葬发掘时，墓顶距地表约 3 米，地表下约 1.5 米即见砂石，该墓被埋在砂石层下，由地层断面可以看出被水冲积的卵石和砂石的痕迹。八角魏晋墓的发掘，显示了石景山区因地处永定河出山口，河流对地表的塑造与形成之伟力。①

位于石景山区西部的麻峪村，成村史可以追溯到辽金之际。传说两汉三国时期，北京历史上开凿最早的戾陵堰、车箱渠就在今天麻峪村的

① 吕品生、段忠谦、贾卫平：《北京市石景山区八角村魏晋墓》，《文物》2001 年第 4 期；倪润安：《北京石景山八角村魏晋墓的年代及墓主问题》，《故宫博物院院刊》2012 年第 3 期。

南部，那时候就有人在此屯田种稻，这一带的农田曾得到过永定河水的滋养与灌溉。后来因北方战乱不息，这一大型水利工程失修废毁。1971年，麻峪村出土了一批辽代铁器，有农具长柄锄、镰刀等，也有生活用具如剪刀、铁锅等，证明辽代时这里是一个以农业生产为主的村落。元代开凿金口河时曾提到麻峪村，《元史》有"卢沟河，其源出于代地，名曰小黄河，以流浊故也。自奉圣州界，流入宛平县境，至都城西四十里东麻谷（即麻峪），分为二派"的记载。元朝时两度重开金口经过麻峪村，至今麻峪村还残存金元时废弃古河道的遗迹。

四、北京宗教文化的重要发源地

石景山区历史上庙宇繁多，自古就是百姓礼佛览胜、帝王巡幸避暑之地。魏晋南北朝时期，今石景山所在的蓟城附近成为游牧与农耕文化交汇地带，北方日渐盛行的佛教文化也影响到这座军事重镇。隋唐以来，境内虎头山、卢师山、翠微山相继建证果寺、香界寺、灵光寺、长安寺、三山庵、龙王堂、大悲寺、宝珠洞等佛教寺院，形成西山八大处风景区。石景山区境内曾广布梵刹，且多选择风景秀丽、阴阳调和之地建立。寺院林立的石景山，久已成为京城百姓游览休闲的风景名胜区。

（一）石景山的名称典故与宗教文化

永定河自石景山出山口后形成的洪积冲积扇，是北京城建城的地理平台基础。由于地势原因，永定河流域常常水患连连，对北京城造成了极大的威胁。百姓们为了能避免灾患，安稳生活，产生了许多关于永定河的传说。在众多传说典故中，石景山与永定河的故事流传最为广泛。

历史上曾有"燕都第一仙山"美称的石景山，位于北京长安街延长线西端，石景山曾有"湿经山"之名，关于"湿经"的由来有各种传说典故，广泛流传的有"唐僧晒经""清泉石井"等。先说"唐僧晒经"，相传唐僧师徒前往西天取经时，途经永定河，被波涛汹涌的河水挡住了去路。正当唐僧师徒一筹莫展之时，一只神龟浮出水面，游到唐僧师徒面前，并且答应渡他们过河。神龟用自己宽大的脊背，将唐僧师徒平安驮到了对岸。分别时，神龟拜托唐僧师徒一件事，请他们见到如来佛祖时，顺便打听一下自己何时能够修成正果，位列仙班，唐僧师徒满口答应。几年后，唐僧师徒取经归来，再次路过此地，神龟早已等在河边。它驮着唐僧师徒游到河中心时，忽然满怀期待地问："我托师父的事怎么样啦？"唐僧师徒历尽千难万险才到达西天，早把神龟托付的事忘到了九霄云外。神龟一听，大怒，一抖脊背，将唐僧师徒倾入河中。尽管有惊无险，师徒四人平安上岸，但千辛万苦取到的真经全被河水浸湿了。他们登上岸边的一座小山，发现一块平整的巨石，便赶忙将经书摊开晾晒。当日风和日丽，经书很快便晾干了。"湿经山"由此得名，那块晾晒经书的巨石如今被称为"晾经台"，成为石景山上的一道景观。唐僧晒经，因而有"湿经山"之名，由此又衍生出"失经山"的传说。

据传，经书刚刚晾好，一阵狂风将所有真经悉数卷起。当唐僧师徒急忙去抢时，经书已消失得无影无踪。原来，如来佛祖感动于唐僧的虔诚，便将全部真经传给了他。但唐僧师徒走后，如来佛祖猛然醒悟把《回生经》传到人间，假如人只生不死，那还了得？便急忙派四大弟子追赶真经。四大弟子在永定河上空看见唐僧师徒正在晾晒经书，便施展法术，收回了包括18部《回生经》在内的全部真经。真经得而复失，所以石景山又名"失经山"。

石景山又得名"石井山"，这也是有典故的。相传以前石景山上只有一条陡峭的山路。一日，一位独自上山的女香客由于劳累过度，昏倒在路上。万幸的是，一位下山挑水的僧人及时发现了她。僧人倒掉扁担前面的一桶水，将女香客放在水桶里挑上了山。他把女香客安置在冬暖夏凉的孔雀洞，自己住进了碧霞元君殿。在僧人的悉心照料下，女香客很快康复。由于石景山上没有水井，僧人每天都要到山下的永定河挑水。一天，他在挑水回来的路上不慎跌倒，摔断了腿。那天夜里，他做了一个奇怪的梦，在一片明亮的金光中，望见自己每天行走的那条狭窄、坎坷的山路突然变得宽敞、平坦了。就在他跌倒的地方，一眼水井不停地冒出清澈的泉水。醒来后，僧人发现自己的断腿好了。走出禅房，他看到了梦中的那条大路和那眼水井。僧人赶忙去孔雀洞告诉女香客，可女香客已经没了踪影。原来，女香客是东岳大帝之女碧霞元君的化身。碧霞元君走了，但那口清泉古井却留在了石景山上，连同那个富有传奇色彩的名字"石井山"。

其实，上述所说的典故、传说都是后人对石景山名称由来的附会，不过，从这些传说中，还能看到佛教、道教对石景山地域文化的影响。依据明代许用宾所作的《重建石景山玉皇殿碑略》记载，石景山在明代便已出现"石经""湿经""石井"等名称，其寺庙建筑历史可追溯至唐高祖武德年间所建立的玉皇殿。明武宗正德年间，深得武宗信任的太监钱宁在石径山（即石景山）修建了碧霞元君庙，辉煌壮丽，京城百姓多到此踏春赏景，连喜好出游的明武宗也曾到此一观。明世宗即位后，因鄙弃钱宁等阿谀之徒，很快派人拆毁了碧霞元君庙。不过，明神宗万历年间，又有太监复建了寺庙，明神宗也曾亲临石景山，一览京西美景。

到了清代，石景山香火依旧延续不断。根据清代于敏中所作的《日下旧闻考》记载，石景山有石经台，还有普观洞、普安洞、还原洞、孔雀洞等胜迹。其中，孔雀洞左右门上曾镌刻有《佛本行集经》，经书的镌刻年代早至唐元和十四年（819年），是当时的幽州、卢龙两节度使命人镌刻的。"石经山"因刻有佛经而得名。明代沈榜所著的《宛署杂记》指出净土禅寺（即金阁寺）在石景山上，有元和四年（809年）碑文，因时过境迁，碑文已难以辨认。

（二）佛牙舍利的最初存放处——灵光寺

位于翠微山东麓的灵光寺，因供奉释迦牟尼佛牙舍利而闻名于世，成为中外佛教徒朝拜的中心之一。灵光寺创建于唐代大历年间（766—779年），初名龙泉寺。辽道宗咸雍七年（1071年），丞相耶律仁先之母郑氏为奉佛牙舍利而建招仙塔。金大定二年（1162年）重修龙泉寺，因所在的山名觉山，龙泉寺改称觉山寺。明宣宗宣德三年（1428年）重修觉山寺，并将觉山改称为翠微山，将觉山寺恢复原名龙泉寺。成化十四年（1478年）九月，皇帝下令动用国库钱财，对寺院建筑进行了大规模的重建，将寺名改称为灵光寺，一直沿用至今。

相传佛祖释迦牟尼坐化后，留下两颗佛牙舍利，其中一颗流传到了印度，后来又传到了狮子国，就是现在的斯里兰卡；而另一颗在公元5世纪中期，由南朝宋高僧法献从今新疆带到南京。公元10世纪时，佛牙又流传到辽代的陪都南京，就是今天的北京，并由北汉高僧善慧保存。辽咸雍七年（1071年）八月，辽国丞相耶律仁先的母亲郑氏，为供奉佛祖释迦牟尼的这颗佛牙，捐资建塔。在塔建成后，辽道宗耶律洪基亲自将佛牙安放在塔内，并将此塔定名为"招仙塔"。此后，佛牙舍利存放塔内渐渐不被外人所知。

清光绪二十六年（1900 年），八国联军使用大炮轰击灵光寺内的义和团，灵光寺中的古建筑及供奉佛牙的招仙塔也被炮火轰毁。灵光寺的僧人在收拾瓦砾时，发现了塔顶上的露盘，上面刻着"大辽国公尚父令公丞相大王燕国太夫人郑氏造，咸雍七年八月工毕"的字样。在清理塔基时，又从塔基中挖出了一个石函，打开石函后，发现在石函里面装有一个沉香木匣，在木匣的外面写有"释迦牟尼佛灵牙舍利　天会七年四月二十三日记"，落款"比丘善慧"，还有梵文书写的经咒等。木匣里面放有佛牙舍利一颗，后被供奉在重建的灵光寺禅堂内。1955 年佛牙舍利被迎到广济寺，供奉在周恩来总理批准建造的舍利阁七宝金塔中，以供国内外信众的瞻礼。

除灵光寺外，今八大处还有香界寺和证果寺修建于唐代。香界寺位于翠微山，为八大处第六处，始建于唐乾元年间（758—760 年），初称"平坡大觉寺"，又称"平坡寺"。证果寺位于青龙山腰，与虎头、翠微二山对峙，为八大处第八处。证果寺始建于唐天宝年间（742—756 年），初名"感应禅寺"。这些寺庙在后代多有翻建、改名并延续至今。

石景山上的金阁寺历史悠久，可追溯到晋唐时期，在明代曾经改为净土寺，佛教、道教并重。山上现存的明万历年间碑刻记载："且夫净土寺，古《刘师堰石记》云：'金阁寺自晋唐以来，所藏石经，碎而言断，岩穴鲜有存焉。'"这说明在金阁寺之前，石景山上已有了藏经。

唐辽时期，幽州人口富庶，百业繁盛，在今石景山地区留下了众多考古发现，主要是墓志及壁画墓，如 1971 年，出土于庞村东南的唐南阳郡张氏夫人墓志刻于唐大中三年（849 年），志题"南阳郡张氏夫人墓志并序"，志载"葬于本县（幽都县）房仙乡庞村东南上约三里之原"。1985 年 3

月发现的唐壁画墓中有两方墓志，一为盝顶式志盖篆"纪公墓铭"及十二生肖，一为志石，记述纪公夫人张氏。纪公为"游击将军守左金吾卫大将军试鸿胪卿"。张氏随夫戍边，唐大中元年（847年）死于潞邑，"葬于蓟城西幽都县幽都乡石槽之原"。

石景山区境内的辽代壁画墓发现于八宝山革命公墓附近，分别是1964年出土的韩资道墓志和1981年发现的韩佚壁画墓。韩资道墓志刻于咸雍五年（1069年），志题"大辽国故六宅副使银青崇禄大夫检校工部尚书韩府君墓志铭并序"。韩佚墓志及在此前同一地点出土的韩资道墓志，为研究韩延徽家族历史提供了文字资料。韩佚墓志称"应历中，以名家子，特授权辽兴军节度副使、银青崇禄大夫、检校国子祭酒兼监察御史、武骑尉"，"朝议多之，拜始平军节度使、开国男、食邑三百户"。石景山区丰富的唐辽考古资料发现，为我们解读石景山区在唐辽时期的历史提供了更多的可能性。在唐辽时期蓟城发展到幽州城的过程中，在强调北方军事重镇功能的同时，经济、社会进一步发展，反映到石景山地区的考古发现，则是墓葬构造的日益精巧，出土器物的种类多样，民间风俗的逐渐开化，这都是石景山地区唐辽考古发现的重要价值所在。

滋养：

第二章

沧海桑田　成就幽燕皇都

　　北京城从金中都开始迈入都城时代。从一个地方藩镇上升成为王朝首都之后，面临的首要问题就是城市人口增加、消费增长、规模扩大以及对区域环境资源的进一步开发和利用。作为北京的"母亲河"，永定河在城市建设、水源供给、农业开发、漕运交通等方面都发挥了其特殊的作用。永定河沿官厅山峡奔腾而下，至三家店出西山峡谷，沿今石景山区西南边缘向东南流，经老店、五里坨、麻峪，遇石景山西北麓回绕，又东南流，过庞村、衙门口西隅，流经大兴出境。自金元以降至清末，石景山区历来为京畿的西部重镇，河防重地，通往塞外的重要通道。从辽金北京上升为都城开始，作为京西交通枢纽的石景山越来越令人瞩目，通过石景山区的渡口和村落，西山的煤炭、木材等关乎日常生计的重要物资源源不断地运到北京城，石景山区丰富的物产也对北京城市生活起到了保障作用。石景山区与北京城市的发展密不可分，无论是水资源的提供与利用，还是自然物产的供应，这里的自然生态环境的维护成为保障北京城市发展的重要因素。

第一节　水清木华，润泽大都

金中都仍是以蓟城为基础扩建而成的，蓟城一直依靠永定河水源，从石景山出山奔涌到北京平原的永定河，其干道和支流对蓟城及周边区域的城市与农业灌溉起到支撑作用。从金代开始，永定河对北京城的影响和作用开始发生某种转折，在传统的蓟城莲花池水源之外开启了新水源，石景山地区也成为金代水利开发利用的重点。元代在金中都旧城的东北郊兴建大都城，历史上的北京城址发生了从莲花池水系到高梁河水系的重大转折，除了进一步开发利用高梁河水系之外，郭守敬还成功地在石景山区开挖金口河，引用卢沟（永定河）之水运输西山木石柴炭，使大都城的水利开发达到了巅峰。明清时期，在继承元代水利遗产的基础上，根据水文条件的变化，对北京地区的水利做了新的开拓。

一、永定河故道接续新水源，都城水系格局的变化

（一）金中都水源格局开拓：从莲花池水系扩展到远郊

1153 年海陵王迁都燕京（今北京）并改名中都，这里成为中国北方的政治和文化中心。中都城扩建需要更大规模的水源供应，金代不仅利用原有的莲花池水系，还充分利用城西古永定河故道所遗留的丰富地下水源，作

为城壕、皇城和宫廷园林的水源补充。金代另一具有开创性的水利建设，是在石景山区开凿金口河并利用闸河漕运。开挖金口河的效果虽然并不理想，却为元代开凿通惠河奠定了基础，其历史影响一直延续到明清时期。

在中都城外，金朝利用永定河故道高梁河水系，营造了辉煌的皇家园林。今积水潭—什刹海—北海—中海（金代统称"白莲潭"）这一片水域是高梁河遗存水体，辽金时期水面辽阔，沿岸草木葱茏，帝王经常来此游弋。辽代在琼华岛修建行宫——瑶屿，金代扩建为规模宏大的太宁宫建筑群，后改名为万宁宫。因金世宗、金章宗经常住在这里处理政务，又被称为"北宫"或"北苑"。万宁宫对金中都而言，其意义不仅仅是在政治上犹如清代圆明园之于紫禁城的关系，更重要的是它启发了解决城市水源问题的一种开拓性思路，为城市的延伸、扩大开辟了新的触角和据点，对后来元大都的选址提供了水利基础和宝贵经验。

利用永定河故道的水体遗存，金代大量修建皇家苑囿行宫，将都城规模不断扩大。在中都城西北会城门外五六里地有片天然大湖，是永定河之金钩河故道的水体遗存，也是现在玉渊潭的前身。金代利用这一天然胜景开辟园林，修建了钓鱼台，成为皇帝时常临幸之地，也吸引了官宦文人们来此会聚游览。元代王恽描述了这里的诗意画境："柳堤环抱，景气潇爽，……沙鸥容与于波间，幽禽和鸣于林际。"①

在永定河之㶟水故道上，还有一大片宽阔水域，就是今北京南苑（南海子）的前身。金朝时，这里也是皇帝的一处行宫——建春宫。它位于中都城南，金章宗几乎每年春季都来此打猎钓鱼或处理政务。金亡后，此

---

① ［元］王恽：《秋涧集》卷四十二《玉渊潭宴集诗序》，商务印书馆影印《文津阁四库全书》本。

地继续作为皇家苑囿，这就是元代著名的"下马飞放泊"。

　　远在西山脚下的山水也吸引了金朝皇帝，在此开辟大片行宫别院。金世宗时修建香山行宫，金章宗时建起玉泉山行宫，其芙蓉殿的华美直到明清仍为人所津津乐道。章宗曾频繁游幸玉泉山、香山，由此流传下来的京西名胜"八大水院"——清水院、香水院、金水院、泉水院、圣水院、灵水院、潭水院、双水院，都在西山山麓并且以水为主题。

　　总之，金朝利用永定河故道水源，因地制宜，将宫廷园林建造与自然环境紧密结合，开拓了中都城与皇家园林建设的新格局。都城扩张与永定河水源和河道利用愈发紧密联系起来，水系布局成为城市建设格局的重要

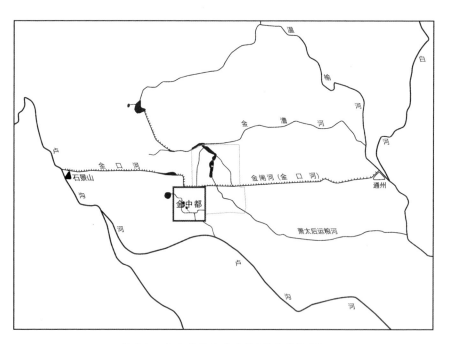

图 2-1　金中都周边水系图（吴文涛绘制）

部分。自此，中都城市水系开始随政治空间的拓展而向郊外延伸。①

（二）元大都供水新格局：高梁河接西山水

元朝建立后，开始了从蒙古高原迁都至燕京的历史转折。1272 年，正式将建设中的新都定名为"大都"。1279 年元朝灭南宋，大都成为统一国家的首都，城市功能远超前代，城市空间布局与城市物资供给运输对水源的供应提出了更高要求。元代依托高梁河为大都城和漕运提供水源，形成了历史上北京水利开发最为辉煌的时代。

元大都离开金中都旧址，选择以白莲潭畔的万宁宫为基础重新规划建设。白莲潭被圈入城内，统称"积水潭"（俗称"海子"），其南部被圈入皇城，称为"太液池"，成为元大都的重要组成部分。表面上看，这似乎是为了充分利用金朝留下的皇家宫苑，其实更深层的原因是为了把高梁河—积水潭这片水域作为城市的心脏，以更长远地解决都城水源问题。

元朝在金朝长河引水工程的基础上，进一步向北、向东延伸引水线路。接引了更多西山、北山泉流的高梁河，把大都城的水源供给范围远远扩大到西北环山脚下；从北到西沿山而成的巨大扇形区域内的大小水脉，都通过高梁河这节"扇柄"源源不断地汇入城里，赋予了新大都成长的动力。高梁河水系从西北至东南斜穿整个大都城，通过它，元大都不仅在皇城宫苑的布局上充分展现了街道、建筑的方正严谨与河流的弯转灵动之间的平衡、协调，还完美地实现了前朝后市、漕粮入城的宏伟设想。积水潭的南半部被圈入皇城，造就了皇家苑囿，还专门开辟了御用水源——金水河；北半部则被改造成运河码头，成为城市的交通枢纽和

---

① 吴文涛：《北京水利史》，人民出版社，2013 年。

商业中心，由高粱河作为基干接引而成的通惠河，使得漕运的船队可以直抵大都的心脏。元朝完成了北京城主要水源从莲花池水系向高粱河水系的重大转折，高粱河水系从此成为北京城的水源大动脉，莲花池水系则日渐荒废，直至明嘉靖年间北京修筑外城时，被截流引入外城的南护城河。高粱河上的积水潭对于元大都的意义，也远远超出了莲花池对于古蓟城和金中都的作用。此后，明清北京城仍主要依赖这条水系提供水源，延续至今的京城水系格局也由此奠定。

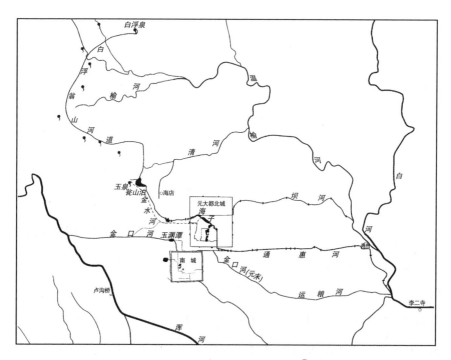

图 2-2　元大都周边水系示意图①

———————————

① 图片改绘自：侯仁之、邓辉：《北京城的起源与变迁》，北京燕山出版社，1997 年，第82—83 页。

通惠河的开凿使积水潭成为漕运终点码头，南来北往的各种物资汇集于此，造就了其东岸至鼓楼周边繁华的贸易市场，形成了源远流长的商脉。不仅如此，通惠河上游的长河至瓮山泊也具有了通航的条件，皇帝出行的游船可以从积水潭直抵瓮山泊岸边的行宫别墅。至顺三年(1332年)三月，元文宗"以帝师泛舟于西山高梁河，调卫士三百挽舟"。① 元末朝政腐败，白浮泉至瓮山泊的引水渠经常受到山洪破坏却未能得到及时修缮；西山乃至更远一些的永定河上游地区被进一步开发，客观上导致水源减少，通惠河漕运开始面临水源不足的问题。尽管如此，元代通惠河漕运仍是北京漕运表现最辉煌的时代。通惠河对漕运的贡献一直持续到明清时期，局部通航的历史则断断续续绵延至今。它不仅为北京城开辟新的水源打开了思路，也为后来的水系格局和文脉发展奠定了基础。

(三)明北京城玉泉水系成命脉

洪武元年(1368 年)徐达率领的明朝大军占领元大都不久，大都被降格为北平府，城市规模也必须按照礼制要求缩小。于是将大都城北城墙缩进五里，从今天的北土城路一线南移到今德胜门至安定门一线。这里位于古高梁河外积水潭与坝河的南岸，以原有的河湖作为天然屏障，构筑了西北部有斜角的新城墙与北护城河。永乐十七年(1419 年)将元大都时代的南城墙前移二里，到达前门、宣武门、崇文门一线，开挖了南城壕亦即前三门护城河。东、西护城河仍按大都旧制，仅将它们向南延伸与前三门护城河相通，然后经东便门入通惠河。在这之后修造京师门楼与城壕、桥闸，形成包括九桥九闸的内城护城河系统。

---

① ［明］宋濂：《元史》卷三十六《本纪·文宗五》，清乾隆武英殿刻本。

宣德七年(1432年)六月，皇帝因东安门外通惠河沿岸居民喧嚣影响到宫内，决定把皇城的东墙改筑在通惠河以东。前移的皇城东墙大致相当于由今天的南、北河沿大街向外推进到皇城根遗址公园一线，这样就把通惠河在城内的河段圈在了皇城之内。从通州到北京的粮船不能从皇城里面穿行，只有停泊在东便门外的大通桥下。

元朝时从玉泉山独自流入太液池的金水河，在明代已经废弃。元代丽正门左侧向东南流的那一段通惠河，也由于明代城墙南移后被包入城中而逐渐湮废。成化、正德、嘉靖年间屡次耗费大量人力物力疏浚通惠河，但由于水源短缺、河道多沙易淤，漕船通航的成效极为有限。嘉靖年间白浮泉的水量急剧减少，已难以维持运河补给的需要，再加上担心妨害皇家陵墓的风水，于是彻底放弃了对它的利用。这样一来，明代的玉泉山水在汇聚到西湖景(元代瓮山泊)之后，走白浮泉下游的故道，过德胜门水关流进什刹海，分为供应宫廷苑囿与补给城郊运河的两支。二者同出玉泉山水一源，最终殊途同归于通惠河，彻底改变了元代的城市供水格局。

(四)清北京与永定河渐行渐远

高梁河水系在明代逐渐萎缩，都城水源在元代基础上勉强维持，漕运更多依赖东部的潮白河水系。清代都城水源格局继承明代的，通过一系列水系整治与水源开辟，尤其是对西山泉水的有效利用维持了其日常运转。乾隆年间对玉泉水系进行全面改造，实施了昆明湖水库工程和引西山诸泉入玉泉的石槽工程。但因为玉泉山一带水源本身的式微而收效有限，水源匮乏的通惠河最终失去了漕运功能，运河的终点也只得远移到京东的通州。

永定河的治理一直受到历代王朝重视，三国时期在石景山区建造的戾陵堰和车箱渠等水利工程，对北京农业发展和城市供水发挥了重要作用。永定河冲出石景山以后，进入坡降舒缓、土质疏松的平原区，河水冲激震荡、迁徙无常，直接威胁着北京城的安全，石景山以下至卢沟桥之间的河段尤为关键。为保障京畿重地的安全，需确保永定河的安澜。从金朝大定年间开始，永定河大规模筑堤以防止洪水漫溢冲毁都城。元代的大都城与永定河的关系已经由依赖转为防御，明代永定河筑堤的规模进一步加大。清代把永定河的筑堤工程推向高潮，石景山至卢沟桥等关键堤段，被改造成石堤或者加片石护内帮的石戗堤，这是永定河工程史上的重要进步。

永定河筑堤改变了北京地区的水环境，有效地减少了北京城的水灾威胁，也使河流的水文特性、沿途地貌、地下水补给等发生了正反两个方面的转变。[①] 康熙三十七年（1698 年）以后修筑的堤防，将永定河从石景山直至入海口紧紧约束起来，杜绝了河水漫流改道的可能，彻底改变了石景山以下河道在平原地区摇摆不定的水文特性。从此，永定河只是一条从北京城郊西南角"路过"的河流。曾经穿越北京城的清河故道、金钩河故道、灋水故道等，由此成了永定河的历史遗迹。在京郊永定河的故道区域，由于筑堤约束下的河水不再光顾，加剧了湖泊萎缩干涸直至成为平陆的进程，连带引起了浅层地下水的水质恶化。永定河故道遗留下来的著名湖泊园林，如昆明湖、圆明园、"万泉之地"万泉庄、沼泽湿地海淀，以及清河、玉渊潭、莲花池、紫竹院、积水潭、后海、中南海、龙潭湖、高粱河、万泉寺、南海子（南苑）、凉水河、凤河等诸多水体，皆失去了主力水源补充，水域面积大大缩小乃至消失，地下水位急剧下降。

---

① 吴文涛：《北京水利史》，人民出版社，2013 年。

到清末，一些重要的湖泊湿地出现了泉流干涸、水域缩减的破败景象。

二、永定河对都城的供养与奉献

（一）京城漕运的水力和水道

在隋唐以前，从石景山出山的永定河下游河段分支多汊，水量丰富，疏浚运河、舟行船运是一件比较便利的事情。《帝京景物略》卷六《西山上·卢师山》记载了隋朝仁寿年间（601—604 年）的一件事情：有位卢姓高僧，从江南乘船北上，不设篙橹随船而行，"船止则止"。他顺南北大运河北上，又逆流桑乾河继续行进，直至幽州西山脚下而止。这位高僧就此住下，附近的一座山也因这位高僧在此讲经而得名"卢师山"，山下建寺，遂称"卢师寺"。这个颇具神话色彩的故事，说明永定河早在隋代以前就有便利的水运条件。这种水运交通上的便利条件，也使石景山与蓟城或幽州的联系更为便捷。事实上，隋代运河通到今北京地区，始于隋炀帝大业四年（608 年）在黄河以北开凿的永济渠。他曾乘龙舟从江南抵达幽州城外的临朔宫，在桑乾河畔举行誓师大会，做征辽前的动员。高僧卢师溯河而至石景山，只是隋代大运河北通涿郡（今北京）背景下的一个带有宗教色彩的传说。这个佛家故事表明，石景山到幽州城的永定河水域有着便利的通航条件，也是隋代大运河得以连通幽州的地理环境的反映。

唐代利用桑乾河漕运军粮仍然可行，从石景山段开始便具有良好的运输条件。贞观十八年（644 年）唐太宗将伐辽东，太常卿韦挺"以父在隋为营州总管，有经略高丽遗文，因此奏之。太宗甚悦"，于是重用他为运粮官，并对韦挺说："幽州以北，辽水二千里无州县，军行资粮无所取给，卿宜为此使。但得军用不乏，功不细矣。"为便于行事，诏令河北州县听从韦挺调遣，"帝亲解貂裘及中厩马二匹赐之"。① 韦挺到幽州后，派燕州司马王安德巡查河渠状况，购买木材制造漕船转运粮食。由于天气严寒，韦挺运粮到距离幽州800里的卢思台后，因为河渠堵塞而不能前进，只能等来年春天冰河解冻才能继续漕运军粮。太宗大为震怒，认为韦挺怠职误事，将其押送洛阳，革职除名，废为平民。

辽代广为流传的萧太后河，很大程度上是依托永定河故道进行漕粮运输。清代震钧记载："八里庄之西二里，有河名十里河，又名萧太后运粮河。东岸有土城，阛阓宛然，土人名萧太后城。考其地，即金代都城之西面门，即灏华门也。金城方七十里，每面相距十八里。而其内城则在今广渠门外，以地度之，正相合。"② 根据当代学者研究，震钧记载的萧太后运粮河，实际上是金元时期开凿的金口河旧河道，这条河道在辽代幽州地区物资转运中发挥了重要作用，因此才在京津地区广为流传。

金元两朝相继在今北京建都，作为北方乃至全国的政治中心，对粮食及各类物资的需求随之剧增。因此，在石景山地区开凿金口河，扩大永定河下游河段的水量，就成为通过漕运保障都城供应的关键。早在三国时期石景山就有兴修水利的历史，这里扼守着永定河出山口，工程的构建决定了整个下游段的水利利用条件，对北京城市建设具有重要的支撑作用。

金统治了北方大部，供应中都的粮食也依赖华北平原。借助于隋唐以来不断改造的华北水网，漕粮及各种物资汇集到今天津地区以后，仍循潞河（今北运河）到今北京通州。但是从通州到中都城约50里，每年漕运多达几百万石，只靠车拉肩扛，所耗费人力畜力难以负担。因此，金

① ［五代］刘昫：《旧唐书》卷七十七《韦挺传》，清乾隆隆武英殿刻本。
② ［清］震钧：《天咫偶闻》卷九，清光绪甘棠精舍刻本。

朝筹划在中都到通州之间开凿一段运力大、流量稳的运河。卢沟(今永定河)是当时流经北京地区水量最大的一条河流，历史上利用永定河运输是有迹可循的，故理所当然地成为引水济漕的首选。石景山区是永定河出山口，也就成为漕运河道开发的起始点。金世宗于大定十年(1170年)，召集朝臣会商，大定十一年十二月省臣"奏覆开之"，决定"自金口疏导至京城北入濠，而东至通州之北，入潞水"，[①] 两年后工成。金口位于石景山北麓与四平山夹口的位置，即现在石景山发电厂处。

金口河对中都运输有着至关重要的作用，但地理条件的限制导致工程失败。从石景山开的渠口居高临下，卢沟河水湍急浑浊。汛期激流漩洄，崩岸毁堤；枯水期则泥淖淤塞，积淬成浅，不能胜舟。金世宗不无遗憾地感叹："分卢沟为漕渠，竟未见功。若果能行，南路诸货皆至京师，而价贱矣。"[②]金口河虽不能通航，却为农业提供了优良的灌溉条件，京西稻田依赖金口河的灌溉收获颇丰。但是，金口河毕竟是金中都头顶的一条险河，世宗大定二十七年(1187年)不得不将金口堵塞，以保障都城的安全。此后，金朝继续利用这条河道另辟水源，修建闸河用于中都漕运。

在元大都营建过程中，西山的木材、石料和能源必不可少。至元二年(1265年)，郭守敬借鉴金代在石景山开挖金口河以解决中都漕运的历史经验，向忽必烈建议重开金口河："金时自燕京之西麻峪村分引卢沟一支，东流穿西山而出，是谓金口。……今若按视故迹，使水得通流，上可以致西山之利，下可以广京畿之漕。"针对金朝开凿金口河失败的教训，郭守敬采取了特殊的工程措施，"于金口西预开减水口，西南还大河，令

---

① ［元］脱脱：《金史》卷二十七《河渠·卢沟河》，百衲本景印元至正刊本。

② ［元］脱脱：《金史》卷二十七《河渠·卢沟河》，百衲本景印元至正刊本。

其深广，以防涨水突入之患"。在金口(今石景山发电厂院内)上游的麻峪村附近，预先开引一个减水口，从减水口向西南再凿一段深广的水渠重新连接金口以下的卢沟河。这样，洪水突来时，可以从减水口分出大部分流向西南，使之在金口下游回归主河道，从而避免了洪水直接从金口灌入金口河，以此保障下游城乡的安全。

郭守敬新开的金口河导卢沟水运送西山木石，为修建大都城提供了一条重要的运输通道。但是，卢沟河汛期暴涨的特性在元朝表现得更为明显，致使金口河决堤的隐患依然存在。元世祖至元九年(1272年)，洪水顺着金口河冲入新、旧(指旧金中都)两城之间，形成毁屋溺人、淹没田庐的严重水灾。当时水势直冲大都城下，京城居民十分惊惶。御史魏初等大臣建议堵塞金口，但当时漕运西山木石修建新城的任务紧急，只能冒险利用。到元大都建成以后，为了都城的安全，金口河的洪水隐患就不能坐视不顾了。

元成宗大德二年(1298年)，浑河(元时永定河的名称)又一次泛滥，

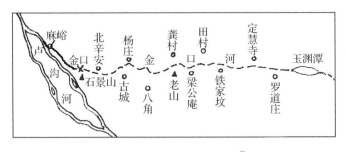

图 2-3   元初金口河示意图①

---

① 据民国顺直水利委员会实测图改绘，转引自：尹钧科、吴文涛：《历史上的永定河与北京》，北京燕山出版社，2005年，第299页。

大都路都水监为了防止洪水顺势沿金口河冲击大都新旧二城，下令把金口闸门关闭。大德五年（1301年），鉴于运输西山木石已非当务之急，为确保大都与卢沟两岸村庄的安全，郭守敬主动将金口河堵塞。从至元三年（1266年）到大德五年（1301年），金口河利用了35年。英宗至治元年（1321年）七月，大都地区大雨连绵，卢沟水从金口奔泻而下威胁大都，都水监在泛滥处"补筑堤百七十步，崇四十尺"才挡住了洪水。

元朝末年，大都城对西山煤炭、木材的需求依然迫切。记载元顺帝时期历史的《庚申外史》称："京师人烟百万，薪刍负担不便。今西山之煤炭，若都城开池河，上受金口灌注，通舟楫往来，西山之煤可坐致城中矣。遂起夫役，大开河。"鉴于历史上的浑河逢雨季易决口，重开金口遭到朝臣强烈反对，中书右丞相脱脱向顺帝建议："如今有皇帝洪福里，将河依旧河身开挑呵，其利极好有。西山所出烧煤、木植、大灰等物，并递来江南诸物，海运至大都呵，好生得济有。"在一片反对声中重开的金口河，与金时和元初的又有不同，史称"金口新河"。由于工程设计的失误，金口起闸之时，浑河水汹涌而来，导致沿岸险情不断，"流湍势急，沙泥壅塞，船不可行。而开挑之际，毁民庐舍坟茔，夫丁死伤甚众；又费用不赀，卒以无功"。最后只好放下闸板关闭金口，永不启用。金元两朝开凿金口河的成功与失败，为后世开渠导引永定河水提供了极其宝贵的经验教训，也是当今永定河三家店闸建设的历史借鉴。

（二）北京建设的建材和能源供给

北京成为都城之后，城市建设和生活消费无疑跃上一个台阶，需要更多、更全面的资源保障。数量庞大的建材与能源供给，依赖于对周边山区尤其是永定河中上游流域的森林采伐和煤炭开发。金代曾在永定河上游及太行山南部地区大规模采木，元代则明显加大了对大都周边地区森林的消耗。

营建大都所需的一般建筑材料，从成本与功效考虑，必然要尽量取自周边地区的森林和矿场，西山的木材与石料因此成为元大都城市建设的首选。至元三年(1266年)郭守敬主持开凿金口，导卢沟水以漕运西山木石，"使水得通流，上可以致西山之利，下可以广京畿之漕"。伴随着宏伟壮丽的元大都拔地而起，西山葱茏的林木被砍伐殆尽，石料、土方的开采也加剧了西山植被的破坏。借助永定河的运输力，西山木材、煤炭的开采持续到元末。

能源是人类生存的基本条件之一，在元大都及其附近地区，柴草、芦苇是使用最普遍的燃料。宫廷以及地位高一些的人家，更多使用的是木炭与煤。为保证宫廷的能源供应，元朝设置柴炭局、材木库，以及蔚州定安等处山场采木提领所、矾山采木提举司等机构，负责管理采伐、储存林木以及烧炭、柴炭分配等事务。定安、矾山采木机构管辖的采木区，在卢沟河中上游流域。为了在西山开采煤炭，早在中统三年(1262年)即已设立"养种园"，职责之一就是"掌西山淘煤，羊山烧造黑白木炭，以供修建之用"。从西山乃至更远的蔚州一带砍伐的树木，通常是顺着卢沟河水运到大都西南的卢沟桥，以供应城市的需要，其中就包括作为燃料的木柴。此外，烧制琉璃、砖瓦等建筑材料的窑厂，加大了大都城的燃料需求。它们所用柴炭的供应，也势必增大对周边地区森林的采伐。

明朝永乐年间营建北京及其以后的城市建设与城市生活，同样需要大量的木材和能源来支撑。北京周边森林面临的压力持续加重，永定河中上游流域依然是供应北京建筑材料和官民燃料的主要区域。宫廷消耗的木柴有片柴、顺柴、杨木长柴、马口柴等几类，而以御膳房专用的马口柴最昂贵。康熙四十八年（1709年）十一月，康熙帝与大学士等谈及明代宫中花费巨大，其中所用木材就特别耗费，尤其是马口柴一项。康熙帝说："明季宫中用马口柴、红螺炭，以数千万斤计，俱取诸昌平等州县。今此柴仅天坛焚燎用之。尔等亦知所谓马口柴乎?"结果大学士等人奏道："不但不知，亦所未闻。"上曰："其柴约长三四尺，净白无点黑，两端刻两口，故谓之马口柴。"①因为马口柴品质上乘，明代一直将其作为宫廷专用。石景山区的养马场，即明代囤积马口柴的重要场所。《宛署杂记》记载：石景山"近浑河有板桥，其旁曰庞村、曰杨木厂（沿浑河堆马口柴处）"。"火钻村，有清河，即放马口柴处"。"杨木厂"即今石景山区驻地西南2.5千米、永定河东岸的"养马场"；"火钻村"即今门头沟区斋堂镇东2千米、永定河支流"清水河"南岸的"火村"。由此可见，浑河上游流域是"马口柴"的主要产地，木柴砍伐后顺流漂下，河畔的"杨木厂"与"火钻村"就是堆积存放之地。

明清两代西山煤炭的开采量持续增加，源源不断的煤炭从西山进入北京城。清中期著名学者赵翼指出："京师自辽建都以来，千有余年，最为久远。凡城池宫殿、朝庙苑囿及水陆运道，经累代缔构，已无一不完善通顺。其居恒日用所资，亦自然辐辏，有若天成。即如柴薪一项，有西山产煤，足供炊爨。故老相传'烧不尽的西山煤'，此尤天所以利物济人之具也。"虽然西山煤炭产量巨大，但整个北京无论郊区内城，都依赖西山煤炭取暖做饭，导致煤炭价格日益昂贵起来。石景山区的部分村镇，

---

① 《清圣祖实录》卷二百四十。

作为西山煤炭运输的中转站而发展起来。麻峪和庞村地处向京城运送煤炭的古渡口，成为石景山区历史悠久、人口稠密的乡村。模式口、北辛安等村镇因为运输或转卖煤炭，成为京西远近闻名的区域商业中心。

除宫殿、寺庙等城市建筑需要建材，越来越多的水利工程建设也需要不断地采伐周边地区的山石、林木。据《宛署杂记》卷二十《志遗》记载，嘉靖十五年(1536年)立《敕建永济桥记》碑，记载了为修建永济桥"庶务咸熙，乃以工曹官往督西山诸处石运"之事，委派工曹官"往督西山诸处石运"，就是去西山开凿巨量的石材用于建桥。这些工程也势必毁掉大片地表植被。

为供应城市建筑石材，石景山区石材开采也越来越繁忙。石景山历来以产石材出名，从战国时期"曆室宫""磨石口"(今模式口)之命名，就可以想象这里石材的丰富与制作传统之悠久。清初石景山也是指定的官府使用石材供应地，"顺治初年定，大工需用石灰，委本部官开采烧造。于大石窝采白玉石青白石，马鞍山采青砂石紫石，白虎涧采豆渣石，牛栏山采青砂石，石景山采青砂石、青砂柱顶、阶条等石。其青白石灰，于马鞍山、磁家务周口、怀柔等处置厂烧造，运京应用"[①]。石景山的优质石材广泛应用于宫殿、府衙、寺庙、道观、陵园，民间房屋修建也往往就地取材。屋顶以石片代瓦，是石景山一带的建筑特色。石景山五里坨有村名石府，就是以石材加工为业的村落，不仅在古代为皇家制作石碑、雕刻等大件石作，新中国成立后也为修建纪念碑和宫殿维修提供石材和高级匠人。时至今日，因为环境保护，石景山石材开采加工已经成

---

① 《钦定大清会典事例》卷八百七十五《工部》。

为历史,但历代传承的制作手艺仍被视为宝贵的非物质文化遗产加以保护传承。

(三)京郊农业发展的水源保障

石景山区早在三国魏晋时期,就修建了戾陵堰、车箱渠以灌溉京北与京西农田,促进了农业发展。进入都城时代后,人口增长对农业发展的需求更旺,农田水利建设也有所发展。

石景山位于浑河左岸,河水长期以来的泥沙淤积形成了便于耕种的土地。石景山区靠近永定河的村庄历史非常悠久,麻峪村和庞村的成村历史早于唐代,因为永定河灌溉便利,利于发展农业耕作,因此此片区域很早就形成了村落。

金代凿通南长河连接今昆明湖与高粱河水,目的不仅是接济漕运,也为了增加白莲潭上游水源以利周边农田灌溉:"引宫(太宁宫)左流泉灌田,岁获稻万斛";金章宗承安二年(1197年),"敕放白莲潭东闸水与百姓溉田";三年(1198年),"又命勿毁高粱河闸,从民灌溉"。这些例子,充分显示了高粱河对于金中都城北区域农业灌溉的效益。

金代在石景山开凿的金口河,也发挥了重要的农田灌溉功能。在金口河威胁都城安全时,京西一带水稻种植却需要金口河水灌溉,于是朝臣提出:"若固塞之,则所灌稻田俱为陆地,种植禾麦亦非旷土。"[①]换言之,堵塞金口河后缺乏水源,就改水稻田为旱地种植麦子作为替代。郭守敬谏言重开金口河时也说,金代所开金口河"其水自金口以东、燕京以北,灌田若干顷,其利不可胜计"。由此可见,金口河对京北及石景山一

---

① [元]脱脱:《金史》卷二十七《河渠志》,百衲本景印元至正刊本。

带的农业发展作用很大。

元初为恢复社会经济，注重农业发展。元世祖至元七年（1270年）十一月，申明劝课农桑赏罚之法，颁布"农桑之制十四条"。京畿地区更是为了新都建设大力开拓漕运，永定河发挥了至关重要的作用。在通漕运的同时，农田水利也得到了改善，为农业发展提供了有利条件。至元二十八年（1291年），郭守敬奉诏兴修水利，因永定河河水泥沙含量大，建议"改引浑水溉田"，别引昌平白浮泉等清水注入通州至大都之间的河道，置闸节制，以通漕运。元末为了缓解京城粮食供应压力开发京畿水田，浑河下游因为丰沛的水量和淤积形成的肥沃土地，成为水田开发的热点。至正十二年（1352年）底，中书右丞相脱脱建议："京畿近地水利，招募江南人耕种，岁可得粟麦百万余石，不烦海运而京师足食。"转年正月，命司良哈台、乌古孙良桢兼大司农司卿，给分司农司印，主管"西自西山，南至保定、河间，北至檀、顺，东至迁民镇"范围内的官地及元管各处屯田，招募江南人来营造水田，为此给钞500万锭，以供分司农司用于工价、牛具、农器、谷种、招募农夫诸费。同时，采用许官的手段，激励到江浙、淮东等处招募能种水田及修筑围堰的农夫各1000名为农师，教民播种。

明清也曾在局部地区导引永定河水灌溉沿岸土地，永定河使石景山一带饱受泛滥之苦，同时也带来利于谷物生长的沃土。到清代，永定沿岸开垦的田地越来越多，以致康熙二十一年（1682年）工部尚书萨穆哈视察石景山至卢沟桥石堤时上疏："堤内本官地，康熙初招民垦荒，致侵损堤根。请敕部免其赋，罢勿复耕。"①他的建议得到了采纳，可见当时石景山在永定河沿岸一带农业垦殖广泛，大量靠河岸的村庄依靠开垦河岸荒地，聚集发展成为有名的大村落。永定河畔的庞村、麻峪村以及衙门口村，有可考的建村的历史早在隋唐以前。永定河水给石景山区提供得天独厚的灌溉条件，滋润并繁荣了京西大地的农业。据《（光绪）顺天府志》卷四十八《河渠志十三》记载，清代宛平县治西南、卢沟桥西北修家庄、三家店等处，引永定河水泄之村南沙沟，不粪而沃。雍正六年（1728年），营成稻田一十六顷。三家店在永定河出山口，而修家庄这个地名现已消失。乾隆九年（1744年），御史柴潮生的奏疏称"石景山有庄头修姓"，佐证了修家庄确实在石景山附近。乾隆年间，清内务府在京西占据大量良田作为皇宫资产，在石景山就有大片水田用作出租："石景山水田四顷八十二亩六厘，每亩租银六钱三分。"②在圆明园附近有大量优质水田作为皇庄，并将石景山十多顷水田一并划给皇庄："畅春园内余地及西厂二处，种稻田一顷六亩，令附近之庄头壮丁每年轮种。给予石景山等处地十一顷三十四亩四分，以为耕种稻田之资。"③清代石景山兴修水利也说明这里农业的发展，光绪七年（1881年）有人从石景山麻峪引永定河水灌溉，"正渠一道，计长四里；支渠一道，计长里许"。光绪八年（1882年），曾任福建布政使的王德榜，又在永定河右岸修建城龙渠，北起龙泉镇城子，南到卧龙岗，长二十一里，数十年间，永定河泥沙随灌溉水淤淀于田内，使薄沙地变成良田。

① ［民国］赵尔巽：《清史稿》卷二百六十八《萨穆哈传》，民国十七年（1928年）清史馆本。
② 《钦定大清会典事例》卷一千一百九十四《内务府》。
③ 《钦定大清会典事例》卷一千一百九十六《内务府》。

中华人民共和国成立后，永定河得到更大规模的开发。1951 年至 1954 年间，在北京市延庆县与河北省怀来县交界处，以妫水河下游河道及其注入永定河后的部分河道为主体，建成了具有防洪、灌溉、供水、发电等综合效益的大型水利工程——官厅水库。水库建成后直至 1995 年，共向下游京津地区供水 254.99 亿立方米。首都钢铁公司、石景山发电厂、高井发电厂、北京钢铁厂、北京第一和第二热电厂等大型工业企业用水，主要靠官厅水库供给；灌溉永定河下游京、津、冀地区土地百万余亩(670 多平方千米)，形成永定河、南红门、新河、金门渠、北村、眼照屯等主要灌区。永定河引水渠 1957 年建成通水，上起门头沟区三家店永定河拦水闸，东经模式口、西黄村，沿南旱河旧道，经半壁店、罗道庄进入玉渊潭，东南过木樨地、白云观，于西便门入护城河，全长 25.13 千米。截至 1995 年，通过该引水渠为沿途用水户供水、配量达 300 多亿立方米。在新时代新技术下，古老的永定河再现生命力，对京津冀地区的工农业发展功不可没。

现代城市的迅速扩张，给自然环境带来巨大改变，人为的过度干预利用，也超出了永定河生态环境的承受能力。自 20 世纪 70 年代以来，永定河下游河道渐渐干涸断水。上游官厅水库因泥沙淤积、水质污染，作为北京主要水源之一的价值大为降低，这是永定河沧桑巨变的现实结果。

从金中都拉开北京都城历史的序幕开始，永定河水系为首都的发展起到了至关重要的作用，为都城运输、园林风景构造、农业灌溉和生活用水提供了巨大支持。但也正是长期持续地开采永定河流域的各种资源，对永定河的过度利用与干预，使北京城与永定河渐行渐远，最终在清代转向了新的潮白河水系。

第二节　漕船结队，穿行城下

　　永定河给北京城市发展提供了水运条件，自从古老的蓟城奠基永定河畔，就拉开了永定河漕运史的序幕。从辽代开始，北京对漕运的需求越来越迫切，作为永定河出口的石景山地区，也是历史上北京改造永定河道、开发永定河丰富资源的重要起点。围绕着永定河的开发利用，石景山地区的自然资源成为都城发展建设的驱动力，这里的村落人口与商贸日益繁盛起来。改造永定河以供应都城的漕运和水源，使石景山地区成为北京城市发展中必不可少的一部分。

一、萧太后运粮河

　　后晋天福元年(936 年)辽占据北京地区，两年后此地升为南京。史传萧太后运粮河，就是辽代利用永定河下游开创水利事业的开始。民间传说它是萧太后从辽东向燕京地区运输粮草的河道，大致开凿于萧太后与辽圣宗主政的统和年间(983—1012 年)。

　　依据后世的文献记载和有限的考古资料推断，萧太后河应该是依托永定河石景山下游河段，利用当时残留的古永定河河道，稍作疏浚、整理、连通后而形成的。萧太后河可以说是改造天然河道、沟通北京城与北运河漕运的开端，将北京城通过人工改造的漕运河与隋唐运河及华北平原的河流水网连接起来，为金代开通闸河、元代开启通惠河及京杭大运河提供了基础和借鉴。金元两朝在历代水利技术和工程积累的基础上，在水利工程规模和技术上不断拓展上升，最终达到了北京漕运水利建设的高峰。萧太后河在后来大运河漕运兴盛期，也曾作为支系发挥着水流调节和民船分流的作用。明清以后，它随着通惠河和北运河的发达而逐渐失去运输功能，成为城市排水渠道，在今朝阳区南部左安门外向东流至通州张家湾后汇入凉水河的一段，就是其遗迹。

根据石景山区与北京漕运的密切关系，辽代对永定河流域的林木和矿产资源有所开发。当时在西山门头沟开矿烧窑、烧造瓷器，从石景山奔流而下的永定河道，为辽南京的水运和灌溉提供了优越条件，萧太后运粮河的下游应当与之存在某种关联。

二、金代漕运

(一)金口河

金中都漕运是隋唐以来运河漕运事业的延续和扩展，从隋代大运河的开挖，沟通南北的运河大动脉基本成形。金代形成较为成熟的漕运系统，可以将华北的物资顺利运到通州。金代通州之得名，正是取其"漕运通济"之意。鉴于坝河水源不足，为解决通州至中都城的漕运问题，必须开挖新的河道。世宗大定十年(1170年)，召集朝臣会商导引卢沟(即永定河)通漕方案，"自金口导至京城北入濠，而东至通州之北，入潞水"。①因工程浩大，需要征调大量民夫供役，而山东已经连年闹饥荒，直到两年后才动工。

元代《知太史院事郭公行状》称："金时自燕京(今北京)之西麻峪村分

---

①　[元]脱脱：《金史》卷二十七《河渠志·卢沟河》，百衲本景印元至正刊本。

引卢沟一支东流，穿西山而出是谓金口。"①当代学者考察确认，金口河的引水口和金口并非一地，引水口在今石景山区麻峪村，属泥土结构；金口闸设在永定河以东原石景山发电厂院内的"地形缺口"处，开凿于岩石上。两处各有一闸。这样的设计是为了防止水患，金代卢沟河的泥沙含量剧增，已变成水性暴戾的浑河，经常淤积河床或暴涨崩堤。一旦麻峪引水口被大水冲毁，就可以利用筑于岩基上的金口闸节制河水，以保证中都城的安全。②

据考古发掘佐证，这条金口河河道大致线路如下：卢沟河水经过金口向东流出，经北辛安村南、古城北转向东北，再经杨家庄南又向东，经龚村南、田村南、老山北、半壁店南、铁家坟北、篱笆店南、甄家坟北、定慧寺南，东至今玉渊潭，又东转南大约至木樨地东南入金中都北护城壕。经中都北护城壕再往东大致经受水河胡同、旧帝子胡同、人民大会堂南、历史博物馆南、台基厂三条、船板胡同、北京站南部等地，下接通惠河河道，东至通州。③途中金口河上段和中段自西向东横穿过自西北向东南流的古高梁河河道，接纳了当时从白莲潭往东南流过来的高梁河水，然后向东直至通州。

金口河虽然开挖成功，却没有收到期望的功效，"及渠成，以地势高峻，水性浑浊。峻则奔流漩洄，啮岸善崩；浊则泥淖淤塞，积滓成浅，不能胜舟"。④金朝曾多次予以改造修缮，聘请熟悉水利、河道的人去勘

---

①　[元]苏天爵编：《元文类》卷五十《知太史院事郭公行状》，商务印书馆，1958年。

②　蔡蕃：《北京古运河与城市供水研究》，北京出版社，1987年。

③　孙秀萍：《北京城区全新世埋藏河、湖、沟、坑的分布及其演变》，《北京史苑》第二辑，北京出版社，1985年。

④　《金史》卷二十七《河渠志·卢沟河》。

察规划，但终究无济于事。大定二十七年（1187年）朝臣奏报："孟家山（今四平山或黑头山）金口闸下视都城（今北京），高一百四十余尺，止以射粮军守之，恐不足恃。倘遇暴涨，人或为奸，其害非细。若固塞之，则所灌稻田俱为陆地，种植禾麦亦非旷土。不然则更立重闸，仍于岸上置埽官廨署及埽兵之室，庶几可以无虞也。"①查勘的结果是地势差距太大，设置闸门或许可行，但维持河道安全需要大量守卫，成本太高，遇到大水还是难以保障京城安全，堵塞不用最为保险。

（二）金代闸河

金朝在华北地区对水运极其依赖也非常重视，金口河开凿失败后，闸河的重要性更显突出。《金史》记载："金都于燕，东去潞水五十里，故为闸以节高良河、白莲潭诸水，以通山东、河北之粟。"②闸河工程于章宗泰和四年（1204年）提出动议，采纳翰林院应奉韩玉的建议，次年兴工完成。"泰和中，（玉）建言开通州潞水漕渠，船运至都。升两阶，授同知陕西东路转运使事。"③负责督办的近侍局提点乌古论庆寿，也同样得到封赏。为了修建闸河，章宗曾亲自到通州一带视察。闸河修成后，漕船"由通州入闸，十余日而后至于京师（指中都）"④。以前靠人拉畜驮需经旬累月方能运入中都的货物，如今只需十余日就运到了。

从中都城至通州的闸河河道，仍是利用金口河下段的旧河道，自中都城的北护城壕出发，最终抵达通州。韩玉的成功在于他认识到金口河的局限，避其弊端，在水源上另辟蹊径，引西山脚下的玉泉、一亩泉等

---

① 《金史》卷二十七《河渠志·卢沟河》。
② 《金史》卷二十七《河渠志·漕渠》。
③ 《金史》卷一百一十《韩玉传》。
④ 《金史》卷二十七《河渠志·漕渠》。

泉水入瓮山泊，又经长河导入高梁河、白莲潭，今玉渊潭、莲花池附近的水泊泉流也是闸河重要的水源。有了这些清澈的水脉注入，才使闸河避免了金口河的短命。金章宗以后朝政腐败，对闸河疏通管理不力，加上水源不稳定，"其后亦以闸河或通或塞，而但以车挽矣"①。闸河发挥不过十几年的作用就废弃了，但为元代通惠河的修建提供了基础。

三、元代漕运与通惠河

元世祖忽必烈接受郭守敬的建议，至元三年（1266 年）十二月下令"凿金口，导卢沟水以漕西山木石"②，为营建大都城做好物资准备。在此之前，郭守敬提出："金时自燕京（即金中都，今北京）之西麻峪村分引卢沟一支，东流穿西山而出，是谓金口。其水自金口以东、燕京以北，溉田若干顷，其利不可胜计。兵兴以来，典守者惧有所失，因以大石塞之。今若按视故迹，使水得通流，上可以致西山之利，下可以广京畿之漕。"③这条金口河成为供应大都建材和能源的通道，直到元成宗大德五年（1301 年），因"浑河水势浩大，郭太史恐冲没田、薛二村，南、北二城，又将金口以上河身，用砂石杂土尽行堵闭"④。元末重开金口河，由于措施不当归于失败。这条河道的情形，前面已多次提到。

元代是我国运河发展史上的巅峰，大都物资尤其是粮食的供给以及全国贡赋收入，在很大程度上依赖于海上与运河的漕运。南北大运河最初只能运抵通州，由此至大都城"陆运官粮，岁若干万石，方秋霖雨，驴

---

① 《金史》卷二十七《河渠志·漕渠》。

② 《元史》卷六《世祖纪三》。

③ 《元史》卷一百六十四《郭守敬传》。

④ 《元史》卷六十四《河渠志一》。

畜死者不可胜计"①。陆路运输耗费巨大，年运费高达 6 万缗。至元二十八年（1291 年）南北大运河全线贯通，从通州到大都城下的运输压力更加繁重。郭守敬通过对北京地区水资源及地形的详细勘查，"因陈水利十有一事。其一，大都运粮河，不用一亩泉旧源，别引北山白浮泉水，西折而南，经瓮山泊，自西水门（今北京西直门北）入城，环汇于积水潭，复东折而南，出南水门（在今前门与崇文门之间以北），合入旧运粮河（指金中都闸河）。每十里置一闸，比至通州，凡为闸七，距闸里许，上重置斗门（即闸门），互为提阏，以过舟止水。"忽必烈深为赞同，重新设置都水监，由郭守敬主持其事。至元二十九年（1292 年）春动工，皇帝命丞相以下的官员都到工地参加劳动，按照郭守敬的安排行事。②八月，"浚通州至大都漕河十有四，役军匠二万人，又凿六渠灌昌平诸水。"③至元三十年（1293 年）秋完工，"帝还自上都，过积水潭，见舳舻蔽水，大悦，名曰通惠河。"④通惠河在充分利用金中都闸河的基础上，进一步完善闸坝技术，使通惠河的运力大大超过金代的闸河，解决了大都至通州段的运粮问题。

从金代的金口河到元代的通惠河，是北京水利开发不断摸索前进的过程，也是奠定北京城水利格局的宏伟一页。石景山因其处于永定河出山口的地理位置，与永定河的开发利用和北京漕运历史有着不可分割的联系。即使后期因为水文条件的变化舍弃了从石景山一带引水通漕，但早期的水利开发同样为后来的北京城市供水与漕运提供了基础和经验，北京的水利史、漕运史都离不开石景山段这个起点。

---

① 《元史》卷一百六十四《郭守敬传》。
② 《元史》卷一百六十四《郭守敬传》。
③ 《元史》卷一十七《世祖本纪十四》。
④ 《元史》卷一百六十四《郭守敬传》。

第三节 都门要津，人烟辐辏

石景山区，背靠西山，紧临永定河，山水秀丽，地貌形态丰富多样。出山顺河面向北京小平原，是连接京城与西山的重要地带。丰富的西山物产经过这里运到城内，帝王巡视西山、永定河，京城百姓前往西山进香、参加庙会，都需要从石景山区的古渡口跨过永定河。不仅如此，通往山西、内蒙古的京西大道也会经过石景山区的古渡口。繁密的交通运输与商贸往来，使石景山区的村落与人口不断增长。西山永定河对北京城的作用和影响，多层面地体现在石景山这片土地上。从金代开始，这里就吸引了帝王官宦前来游乐，明清时期对永定河的治理使石景山受到更多关注。石景山具有丰富的石材和煤炭资源，为北京城市发展提供了重要支撑。尤其是近代以来，为了利用西山丰富的煤炭与水利资源，在石景山区修建了京门铁路，建起了大型钢铁厂和发电厂，使其成为北京重要工业区，开启了石景山区现代工业的新篇章。

一、宜商宜居，村落兴聚

石景山区紧邻永定河，两岸形成了大片的冲积沙滩，有较好的农业生产条件，又有着搬运西山物产到京城的便利，吸引了大量人口在河畔垦殖定居，很早以来就形成了不少村落，历史都在千年以上。这些村落或坐落在永定河古渡口位置，或者通往西北的要道隘口、京西古道的交会点，成为供应北京城物资运输和与山西、内蒙古商贸往来的站点或中转站，从而变得繁盛起来。明代沈榜《宛署杂记》记载，西出北京阜成门与西直门通往西山的道路，沿途就需要经过这些重要的村落：从阜成门出城，到八里庄后，可以分为二途，一是经黄村到达石景区的模式口、麻峪村、五里坨村，然后经三家店渡过浑河，进入西山；二是从八里庄过南田村、张义村，经石景山区鲁国（谷）村、八角、古城、北西（新）安、石景山，到达永定河畔的庞村、杨木厂，渡河后进入门头沟山区。辽金以来，随着都城规模扩大，人口增加，石景山近便的地理位置和多种物产，盛产的煤炭、木材、石材、蔬菜与水果，给京城生活提供了丰富资源。山水秀美的自然景观吸引人们游览观光，建造寺观、别墅，修造陵园，留下了大量宝贵的历史遗迹。

石景山区的村庄，西起永定河东岸，自西向东，由高而低，沿着三条相对平行的曲线分布。南线沿永定河东岸、北岸有柳林庄、麻峪、庞村、养马场、水屯、衙门口等村庄，村旁是永定河冲积形成的沃土良田，有河水灌溉之利，村民多种粮种菜；北线沿石景山北部山麓有南宫、隆恩寺、净德寺、秀府、佟家村、石府、福寿岭村、刘娘府、雍王府、金王府、申王府、东西下庄、福田寺等村庄，是历史上修建寺庙和皇室贵胄安坟立墓的风水之地，村庄多由看坟人家繁衍而成，村民除耕种田地，还利用山坡牧羊养牛，开采山石；中线由西向东依次为五里坨、高井、马尾桥、模式口、北辛安、古城、八角、鲁谷、石槽等村庄，是京城与西部山区及河北、山西、塞北的重要通道。西山的煤炭、石灰、石材、木材以及河北、山西、塞北的土特产，沿着这条通道源源不断运到京城，再从京城贩卖各种货物返回当地。这些村庄村民的生计大多与这条交通要道密切相关，诸如养骆驼，赶大车，开饭馆、酒铺、茶棚、粮店、杂货店、油盐店、药铺、旅店，理发、照相以及修车、修鞋、开采磨石、酿酒、小买小卖等，有的兼种地，纯庄稼户不多。衙门口、模式口、北辛安三个村，曾在不同历史时期，作为石景山地区政治、文化、商业的中心和交通枢纽发挥过重要作用。[①]

麻峪村位于永定河谷，是由永定河多年冲积而成的沙洲，与门头沟大峪村隔河相望。麻峪村历史可以上溯到汉末，三国刘靖在这里开凿戾陵堰和车箱渠，表明历史上有优越的灌溉条件，适合农业生产。当时在这里耕种生活的人们，开创了渡河进入西山腹地的道路。麻峪村也是金代金口河的开凿地，金口河从麻峪穿村而过，后来因水势凶险，虽然堵塞废弃，但也起到了相当大的灌溉作用。元初郭守敬谏言重开金口河时，曾说金代所开的金口河"其水自金口以东、燕京以北，灌田若干顷，其利不可胜计"。[②]

麻峪村是西山运煤大道玉河古道和麻潭古道交会地，也是历史悠久的古渡口。古渡口位于麻峪村白河堤，从此渡过永定河是门头沟大峪村。大峪村既是玉河运煤古道上的一站，也盛产优质煤炭。自从辽金以来，西山木石资源大量开采利用，元代煤炭成为大都居民赖以生活的燃料，麻峪渡口变得更加繁忙。《元一统志》载："石炭煤，出宛平县西四十五里大峪山，有黑煤三十余洞。"明代大峪的煤窑继续开采，获利丰厚，成为

---

① 北京市石景山区地方志编纂委员会编：《北京市石景山区志》，北京出版社，2005年。

② 《元史》卷一百六十四《郭守敬传》。

官府和贵族的重要经济来源。正德元年（1506年）五月，"仁和大长公主奏：孀居禄薄，五子成长不能自给，请浑河大峪山煤窑四座榷利养赡。"[①]产量巨大的煤炭，通过麻峪渡口源源不断地运到京城。为了便于运煤的驼队、骡马队渡河，麻峪渡口在明清时期开始搭板桥。清末村民组建善桥会，每年冬天在河道最窄处架设柳筐装石头桥墩，再铺上一尺多宽、四五寸厚的木板加以固定，方便了通行的商旅行人，使他们不用向北绕行三家店西板桥。新中国成立后，为根治永定河水患，变害为利，在永定河上游先后修建官厅水库、斋堂水库、三家店水闸。麻峪村西的永定河成为旱河，于是在河床上修筑宽敞平坦的混凝土漫水桥，成为门头沟区与石景山区及京城连接的重要通道。便利的交通条件，也促进了麻峪村商业的兴旺。1949年初，麻峪村还曾有十多家商铺，从事各种生活用品的经营。

麻峪村靠着永定河，还发展出了一种特殊产业——冰窖。在农业时代，天然冰成为人们在炎炎夏日保存肉类、水产、蔬果，制作清凉饮料以及防暑降温的必需品。人们期望吃到一点儿冰块（称"冰核儿"）以解暑热之苦，经营冰窖的行业便应运而生。麻峪村旁河床平缓，水流平稳，入冬后河水清澈，结的冰块晶莹透明，品质上乘，经营冰窖的条件十分优越。大量村民利用冬天闲暇时间，在河岸旁适当地点选择冰窖位置，挖掘深坑，坑内周遭砌砖墙，留一出入口，即成冰窖雏形。等到三九寒天，河水结下厚厚的冰层，就开始从河上凿取冰块运入冰窖贮藏，谓之窖冰。窖内贮足冰块后，上面覆盖一层厚厚的麦秸，压上一米厚的土，

---

① 《明武宗毅皇帝实录》卷一十三。

再封好冰窖入口。次年夏季开窖售冰时，各处商贩驱赶马车、驴车，或者肩挑手扛，将冰块贩卖到各处。利用得天独厚的永定河水资源，麻峪村发展了冰窖这种有特色的行业。直到工厂化机制冰的逐步兴起，取代了天然冰的地位，麻峪村特殊的冰窖产业才消失了。

庞村也处在永定河河畔，长期的泥沙堆积使得村落地势较高。庞村在唐代已经成村，属幽都县房仙乡，村名沿用至新中国成立后，因为建厂而消失。据出土的《唐南阳郡张氏夫人墓志铭》载："大中三年己巳岁五月甲寅朔十一日甲子，葬于本县房仙乡庞村东南上约三里之原。"另据《唐故幽州节度押衙摄檀州刺史充威武军营田团练等使银青光禄大夫检校国子祭酒兼御史大夫上柱国乐公墓志铭》载："中和二年葬于幽都县界房仙乡庞村"。直到明清，庞村村名沿用不改。

庞村历来是永定河防洪的重要地段，村西最易泛滥处，筑有十八堰，也称"十八磴"。堰高9米，长约350米，由十八层花岗岩条石叠砌而成，用铁锭扣锁接，江米汁灌缝，十分牢固，是古河堤的重要组成部分。由于历年泥沙覆盖，现在露在地表的只有七八层。当地流传"先有十八磴，后有北京城"的民谣，可见其历史之久。清代为治理永定河水患，曾从石景山开始筑造石板河堤，并为了祈祷河水不泛滥，康熙和雍正皇帝在石景山一带修建了龙王庙，乾隆皇帝又加祀河神。"康熙雍正年间，已于卢沟桥石景山等处，敕建龙王庙，而河神未有专祀。朕念切缵承，躬行巡视。所有河工应行随时筹办之处，已饬督臣次第修举。仰惟神贶丕昭，宜崇庙飨，著该督方观承于固安县十里铺地方。查明奏闻，营建庙宇。

所有河神封号，及应行典礼，该部察例详议具奏。"①为了阻止水患，雍正命其弟和硕怡亲王在庞村西督建河神庙——北惠济庙，以"敬神惠民"。庙址尚存碑石一方，刻雍正帝御制北惠济庙碑文，有御碑亭（在首钢公司制氧厂内）。

　　庞村西还有一只铁牛（见图2-4），据称有预知水患的神力，远近闻名。铁牛大小与真牛相仿，面向西南，由百余块生铁铸件拼成，其中一块铸有文字，已漫漶不清。传说铁牛体内设机关和一颗"金心"，洪水暴涨至进入铁牛体内时，牛即发出吼声报警，村民闻声即撤离以避洪害。可惜，铁牛后毁于1958年。

图2-4　清代庞村大堤上的铁牛（石景山区文化和旅游局提供）

　　庞村一直是永定河上的重要渡口，是京西地区通往北京城最重要的渡口之一，也是京西有名的庞潭古道必经之处。据《再续行水余鉴·永定

①　《清高宗实录》卷三百六十。

河卷》记载："石景山，迳宛平县西三十七里，其上有金阁寺。河循其麓而西南流，抵旱桥口，要隘也。西赴潭柘、戒檀及西山运煤，皆由此路。"村南古有铁索吊桥通向河西岸，铁索上铺以木板，称板桥，曾是永定河两岸的重要桥梁。

《析津志》记载，元代大都城居民用煤炭取暖，往往从庞村古渡口进入门头沟运煤炭。"（大都）城中内外经纪之人，每至九月间买牛装车，往西山窑头载取煤炭，往来于此。新安及城下货卖，咸以驴马负荆筐入市。盖趁其时。冬月，则冰坚水涸，车牛直抵窑前，及春则冰解，浑河水泛则难行矣。往年官设抽税，日发煤数百，往来如织。"①煤车通过冰冻的永定河，将西山腹地产的煤炭运到庞村渡口，然后搬运到石景山的重要商贸镇北新（辛）安交易。依托庞村古渡，北辛安迎来了熙熙攘攘的过客，逐渐发展成为京西最繁华的商业大镇之一。明清时期，香客前往潭柘寺和戒台寺进香也必经庞村。此后随着三家店和麻峪渡口搭建板桥，庞村渡口逐渐衰落下来。

衙门口村也因靠近永定河而成为京西大村。衙门口历史久远，春秋战国时期，这里建有碣石宫。据《史记》记载：邹衍如燕，昭王筑碣石宫在幽州蓟县西三十里，宁台之东。清《（光绪）顺天府志》亦称："衙门口邨，旧有碣石宫近此。"1986 年 11 月，在村南出土汉代钱币五铢、新莽货泉、半两等近万枚。这些记载和考古发现，说明历史上的石景山区曾是燕国的政治经济文化中心之一，直到汉代，仍有着繁荣的经济。虽然现在未发现碣石宫遗址，但从自然环境上看，衙门口村所在的石景山区背

---

① ［元］熊梦祥：《析津志辑佚》，中国古籍出版社，1983 年。

靠西山，水源便利，是通往蓟城和太行山麓的交通据点，燕国选择在这里修建碣石宫，正是因为优越的地理环境和位置使然。

石景山区在宋代具有重要的军事价值。衙门口在宋代名安祖寨，又作安佐寨、东安佐。《宋史·宋琪传》记载：北宋端拱二年（989 年），宋太宗准备攻辽，收复幽州，诏令群臣献计献策。宋琪上疏云："从安祖砦西北有卢师神祠，是桑乾（河）出山之口，东及幽州四十余里……其桑乾河水属燕城北隅，绕西壁而转。大军如至城下，于燕丹陵东北横堰此水，灌入高梁河，高梁岸狭，桑（乾）水必溢，可于驻跸寺东引入郊亭淀，三五日弥漫百余里，即幽州隔在水南。王师可于州北系浮梁以通北路，贼骑来援，已隔水矣。"宋琪建议从衙门口村西北引桑乾河水阻挡辽军南进，可见石景山区居高临下，不论防守还是进攻都具有优越的地理位置。

随着北京城的兴起，衙门口村南靠永定河，成为石景山入京的门户，堪称"京西第一村"，农、林业对京城生活的贡献都颇为巨大。明代在衙门口置上林苑林衡署，设立衙署管理民政。清代设宛平县第一衙署，掌管方圆十里乡村的民政、税务、诉讼等事务，村庄遂得名衙门口。明代的上林苑监，下设良牧、蕃育、林衡、嘉蔬四署，衙门口的林衡署是其中之一，"监正掌苑囿、园池、牧畜、树种之事。凡禽兽、草木、蔬果，率其属督其养户、栽户，以时经理其养地、栽地，而畜植之，以供祭祀、宾客、宫府之膳羞。凡苑地，东至白河，西至西山，南至武清，北至居庸关，西南至浑河，并禁围猎。良牧牧牛羊豕，蕃育育鹅鸭鸡，皆籍其牝牡之数，而课孳卵焉。林衡典果实、花木，嘉蔬典蓣艺瓜菜，皆计其

123

町畦、树植之数，而以时苞进焉。"①林衡署主要负责进贡果品和鲜花绿植，衙门口与北京城距离近便，经石景山到麻峪过河，就进入了门头沟大峪。群山之中最适宜林木生长，石景山附近的鲁谷和八角村，也住着大量果户。西山顺理成章地发展为明代水果供应区，衙门口就成了管理衙署的设置地。

衙门口也是明清税收衙门重地。为满足都城建设和居民日用，大量竹、木、煤炭源源不断经由卢沟桥渡口运到京城。政府为了工部筹集船舶、宫殿营造修缮的费用，在水路交通要道设置抽分局，对商人贩运的竹木薪炭征收通过税。"抽分，科竹木柴薪"②，是一种重要的国家收税制度。由工部在交通要道和水路枢纽设关收税，称"抽分厂"，也称"工关"。卢沟桥在明永乐年间就开始设置了抽分厂，随着西山资源的开采不断增多，税收对象也渐次扩大。作为西山门户的衙门口村，是京西通往都城的大门，于是也成了设关收税的要地。

在优越的地理位置和交通条件影响下，衙门口村发展出众多的商业店铺，街巷纵横。石景山作为西山门头沟通往京城的桥梁，为了从京西向京城内运煤和驮运各种山货，很多村庄饲养了大量骆驼用于运输业。衙门口村曾有近千头骆驼，周围村庄也有许多。由于养驼户数量庞大，牵涉的行业也较为复杂，为了协调养驼户和店铺、商人之间的利益关系，清同治年间，衙门口村建立了北京地区罕见的骆驼会馆。骆驼会馆位于衙门口村东街，占地20亩，一度十分兴盛。随着近代民窑的衰落和铁路、公路的建成，骆驼运输逐渐退出了京西的商业运输，骆驼会馆也因

① 《明史》卷六十九《志四十三·职官上》。
② 《明史》卷一百四十《食货志》。

此失去了往日的热闹。人群聚集为各种宗教带来大量信众，衙门口村寺庙众多，香火旺盛，有法云寺、三教寺、明堂寺、娘娘庙、马神庙、安祖庙、五道庙等 10 余座寺庙，几乎街街有庙。历史最久的当属安祖庙，安祖寨得名与此有关。

与衙门口相邻的八角村，根据考古发掘推测，是以永定河在八角山山脚淤积的平地为基础成村。1997 年 3 月在八角村西北发掘出晋代古墓，说明这里在汉魏以来就已经较受关注。明朝时期，这里空旷的土地吸引了逃荒的人群进行垦殖，村落逐渐发展起来。八角村倚邻八角山及老山，生长着大片茂密森林，明清时期也是京西重要的果树栽培地。

石景山区的很多村镇，因为地处京城与河北、山西的交通要道上发展起来，模式口（磨石口）就是京西大道上的重要站点。它的得名源于这里可能是古燕国宫殿历室宫的所在地。据《（光绪）顺天府志》引唐《括地志》载："四十里，山底村亦曰旁（庞）村、北辛安。已上村在永定河东，旧有宁台、元英宫、磨室宫于此。"石景山区处于永定河畔的高地，靠山临水，又有西山丰厚的林木资源，扼守西山的出入口，也是适宜建城之所。因此，石景山区一度被推测为北京早期建城所在地。作为通往西山和塞外的门户，明清在此设重兵驻守，《（光绪）顺天府志·地理志》云："西北三十五里磨石口镇，千总驻焉。典史驻城，管鲁谷等村五十三。"

模式口也是西山煤炭、山货以及塞外皮货贸易的重要转运站。元代以来西山煤炭的开采运输逐渐增多，模式口也有部分煤窑。在京西地区，房山、门头沟是重要的煤炭产地，模式口煤窑发现较晚，清末民国时期才开始采挖。《北京西山地质志》记载了模式口的煤窑情况："磨石口煤田与浑河之北东岸辛安车站相邻。煤系属侏罗纪，范围内露出于两绿辉岩体之间，极不整齐。采矿仅一层，厚自数公寸至五公寸，以北端为最厚。"此外模式口有四座煤矿，"相距仅约一公里，均在磨石口村之西。"最大的矿是在四平山的公利矿，有工人百人，日产煤可达到 500 吨。辛安矿日产煤仅有 30 吨，而天兴、宝祥二矿日产量只有 20 吨。这些煤矿的煤层较薄，都没有超过两米，只是用土法采矿。虽然煤层较薄，但是煤质很好，属于无烟煤。煤炭开采给模式口的窑主带来丰厚利润，吸引了众多商家来此贩运，给模式口的村民提供了更多的生计。供商、客休息的客栈、旅店、饭馆，运输煤炭的骆驼、骡马店，倒卖各种山货的商铺，清末至民国时期模式口盛极一时。

模式口的另一大特产石材，从宋代即开始供建筑使用。清代规定了各大工程需要的石材与石灰均采自郊区山岭，其中就包括"石景山采青砂石、青砂柱顶、阶条等石"①。模式口的石材加工与开采，为北京都城建设添砖铺路，功不可没。

五里坨紧邻模式口，是京西古道必经之地。村中有一小山丘——小青山，亦称"坨子"，故村名"五里坨"。这里是模式口向西防御的前哨阵地，明清有把总驻守，逐渐成为石景山区西部的商业、文化、交通中心。历史上留下的古迹，有西街的玉皇庙、东街的五道庙、小青山腰的兴隆寺，还有观音庵，均年久损毁，今仅存遗迹。

北辛安是与石景山水利工程联系最紧密的村镇，也是京城通往西山及山西与塞外的必经之路。村南旧有金元时期开挖的金口河古河道，引永定河水沿金口河道东行至通州北运河，对大都城的建设和漕运都有巨

---

① 《钦定大清会典事例》卷八百七十五《工部》。

大贡献。元至正二年（1342年），第二次开金口河，河道通过薛村。村民北迁的形成北新安村，南迁的形成南新安村，后来南新安村被洪水冲毁，北新安村更名为北辛安村。

在依靠牛、马、骆驼等为运力的年代，北辛安距京城恰好有将近一天的路程，为过往商旅提供住宿服务，成就了北辛安的商业、服务业、旅店业，这里成为石景山区另一个重要的商业区。在京门铁路未建成通车之前，北京城区及丰台的客商用骆驼驮运日用杂货到塞外，再把塞外的皮毛等特产和门头沟的煤炭运往北京，都途经北辛安镇，这里因此成了来往客商的歇息处和货物的集散地。随着来往客商的增多，养骆驼业、粮油业、药业、杂货业、棉布业兴旺起来，南和顺骆驼馆、北和顺骆驼馆、万成号粮店、正元堂药铺、万益隆布铺、西天顺油盐杂粮店、广聚增布铺等商号，先后在清乾隆、道光、光绪年间开业，其他摊商也不断增加。

清光绪三十三年（1907年），京门铁路建成通车。1918年京门公路通车，门头沟逐渐成为贩运货物路线的中转站。原来从北辛安购买日用品的顾客，一部分乘车直接从北京购入，北辛安商业的经营受到很大影响。1919年龙烟铁矿股份有限公司石景山炼铁厂（今首钢总公司前身）和京师华商电灯股份有限公司石景山发电分厂（今石景山发电厂前身）相继动工兴建，又带来本地商业的一时发展。1937年日军侵华，日本人管控的伪华北电业、久保田铁工所（今首钢铸造厂）、石景山制铁矿业所、北支那制铁株式会社等工厂先后开工，北辛安镇人口猛增，商业再度活跃起来。到解放前夕，北辛安镇号称"三里商业街"。新中国成立后随着城市建设的发展，区中心逐渐向八角、古城地区迁移，北辛安地区的商业活动逐

渐冷落。

古城村应该是石景山区历史最悠久的村庄，村西曾发现古村落遗址，有一眼青砖砌的六角形古井，出土了东周时期红陶、灰陶器残片。这些考古发现证明，古城村在东周时期已经是聚居区。村西还曾出土两座唐朝古墓，明《宛署杂记》明确记载了古城村的村名。从村名来源推测，这里曾经建城。早在战国时期的燕国，石景山一带建有宁台、厤室等宫殿。唐代末期割据幽州的藩镇节度使刘仁恭在大安山与方士炼丹药，并在京西石景山一带设置玉河县。《辽史》记载："玉河县，本（玉）泉山地。刘仁恭于大安山创宫观，师炼丹羽化之术于方士王若讷，因割蓟县分置，以供给，在京西四十里，户一千。"①《读史方舆纪要》亦称："玉河废县在府西四十里，本蓟县地，五代时刘仁恭置。"②从位置和距离来看，石景山属于玉河县，而玉河县治所就在古城村。《永乐大典》辑本《顺天府志》称："玉河城，城在（北京）城西南三十五里，故老相传金章宗游幸宿顿之所，因立县，曰玉河。今遗址尚存。"③金章宗在西山一带修建了大量行宫，石景山西部的翠微山上有双水院。明初以为石景山有金代的玉河县城遗址，但辽金时玉河县沿袭五代设置，并非金章宗时期所设。到明代，古城村盛行花会。清代民国时期的秉心圣会每年往妙峰山、石景山进香，队伍庞大，表演石锁、太平歌等民间艺术。后来，表演项目发展成为"花十档"，是群众喜闻乐见的民间文化活动，迄今兴盛不衰。

作为距离都城最近的西部郊区，石景山从辽金时期起，就因为其极

①　《辽史》卷四十《南京道·玉河县》。
②　《读史方舆纪要》卷一十一《直隶》。
③　明初《顺天府志》卷一十一《宛平县·古迹》。

佳的山水，吸引了都城达官显宦的眼光。他们选择在这里开辟庄园，修建家族墓地或者庙宇。佛教等把这里作为修行布道的驻锡地，建成了大量寺庙，形成了八大处这样的宗教文化区。在石景山这片秀美的土地上，许多村镇都遍布文物古迹。

鲁谷村原名鲁郭或鲁郭里，始于辽代，至今有 1000 多年的历史。据《辽史·韩延徽传》记载：韩延徽，字藏明，太宗朝封鲁国公，任政事令，世宗朝迁任南府宰相，应历九年(959 年)卒，年七十八岁。上闻震悼，赠尚书令，葬幽州鲁郭。20 世纪 70 年代末至 80 年代初，村北相继出土韩延徽之孙韩佚、四代孙韩资道等墓，墓志皆称"葬宛平县房仙乡鲁郭里"。另据明《宛署杂记》及村南明代大慈寺碑文记载，当时鲁郭、鲁国、鲁谷兼称。

鲁谷村附近还有元代灵福寺、延寿寺，明代大慈寺、永年寺、慈善寺、崇兴庵、刚毅墓、佛科多墓。其中慈善寺是京西名寺，建于明万历年间(1573—1619 年)，供奉燃灯佛、魔王老爷元觉，也供奉道教仙长。清顺治至中华民国期间，曾多次重修。20 世纪 50 年代后，被煤矿勘探队、职工培训学校、矿务局技校、职工疗养院占用。现在占用单位已迁出，其作为市级文物保护单位正在逐步修缮。新中国成立前，每年农历三月十五日的慈善寺庙会，香火极盛。四面八方和京城的善男信女成群结队而来，热闹异常。民国时期著名将领冯玉祥与天泰山慈善寺有密切关系，附近有冯玉祥题刻多处。

鲁谷村还有不知始建于何年的八宝山娘娘庙，坐落于村北八宝山山顶。清康熙三年(1664 年)重修，尔后又经多次修葺、扩建，毁于"文革"。八宝山娘娘庙的庙会曾经闻名遐迩，旧时每年农历四月十五日开始，会期三天。京郊甚至河北省、山西省的香客、买卖人纷至沓来，络绎不绝，庙中香火极为旺盛。

村北小山名八宝山，相传以出产"八宝"而得名。八宝是：红土子、青灰、坩子土、白土子、黄土、红干土、黄干土、马牙石。其中，红土子、青灰是建筑装饰涂料；坩子土是耐火砖原料，农村多用它膛炉子；白土子是陶瓷工业上釉用原材料；黄土、红干土用作木器涂料；黄干土可用作农药填充料；马牙石学名石英，是玻璃、半导体等工业的原料。

二、水陆要道，工业摇篮

近代西方工业进入中国后，石景山区依然因为其重要的地理位置、西山丰富的煤炭资源和永定河水资源，成为北京近代工业建设用地的首选，先后在这里建起了铁矿厂、发电厂等工业企业。

(一)龙烟铁矿股份有限公司石景山炼铁厂(今首钢前身)

1919年建立的龙烟铁矿股份有限公司石景山炼铁厂，是石景山区最早的近现代钢铁企业，孕育了今天的首钢。第一次世界大战期间，中国民族工商业获得短暂的发展时机。北洋政府计划在北方建立一个大规模的钢铁厂，趁欧战间隙发展民族工业。

1914年9月，北洋政府矿业顾问、瑞典人安特生(J. G. Andersson)与丹麦矿业工程师麦西生(F. C. Mathisen)，在原察哈尔省龙关县的辛窑发现大矿区，矿石质量优良。1919年3月，北洋政府国务院批准官商合办龙烟铁矿股份有限公司正式成立。

作为民国时期北京的首座炼铁厂，龙烟铁矿公司在创办初期，便开始了炼铁厂的一系列筹划建设工作。最先假定厂基九处，选择厂址的首要标准是成本低廉，而后是地理位置宽敞干燥、用水适宜、运输便利、战时安全等。经过一年的研究，择定北京西郊的石景山。督办陆宗舆在石景山东麓征购 1300 亩土地作为厂区，定名为石景山炼铁厂。之所以选在此处，是基于以下条件：石景山东麓地势高敞，便于铁路运输，厂址位于京绥铁 22 路京门支线三家店站附近，便于将来铁砂由京绥铁路北来，煤焦由京汉铁路南来。再购得将军岭、石灰岭两座，由岭下筑铁路数里，至三家店站与京门路相接，以供运石灰石。这里水源便利，永定河流过石景山下，便于汲取。在销售方面，炼成的铁由京奉铁路运至天津外销，制出的各种副产物可以销售到京津等地。石景山即将建发电厂，能为钢铁厂提供电力。此外，石景山位于京畿，可以避免为外国人所控制，实现钢铁完全国产。

1919 年 6 月炼铁厂开工建设一号高炉，但随着北洋政权风雨飘摇直至垮台，龙烟铁矿最终由惨淡经营变为停建停产。1928 年 8 月，中华民国南京政府接管龙烟铁矿公司，更名为农矿部龙烟矿务局，但没有正常运转。

1937 年日本侵占龙烟铁矿公司，并改名为龙烟铁矿株式会社，将石景山炼铁厂改名为石景山制铁所，各自独立经营。从此，龙烟铁矿公司与石景山炼铁厂分开，日本开始了长达八年的疯狂掠夺。日寇侵华期间，先后在龙烟矿区和宣化建立机械厂、炸药厂、冶炼厂，掠夺采矿 373 万吨。有的就地冶炼，有的运回日本，为侵华战争提供了大量钢铁。日本投降后，其于 1945 年 11 月更名为石景山钢铁厂。

1949 年中华人民共和国成立后接管钢铁厂，1966 年改名为首都钢铁公司。通过技术改造和建设，公司逐步发展为现代化的钢铁企业。2008 年为了企业可持续发展和优化北京城市布局，首钢迁出石景山。

(二)石景山发电厂

相较于国外,北京使用电能比较晚,早期只有清朝宫廷和外国驻华使馆有权力和条件使用,主要由清朝官员和外国商人办电。清光绪二十八年(1902年),清朝刑部员外郎史履晋、御史蒋式惺、候补同知冯恕等人,集股筹办公用电力事业,共筹得官商股本白银8万两,1905年正式成立京师华商电灯股份有限公司。该公司在前门西城根建设发电厂,1906年11月25日正式对外供电营业。这座初期容量仅为300千瓦的发电厂,是北京公用电力事业发展的起点,也是石景山发电厂的前身。

随着用电负荷的增加,前门发电厂受水源和储煤场地的限制,在市中心扩建已无可能。京师华商电灯股份有限公司最后确定,在石景山西北临永定河处兴建新厂,始称石景山发电分厂,就近使用门头沟煤矿的京西硬煤(无烟煤)。石景山发电分厂于1919年8月动工兴建,1921年10月正式发电,1922年2月向京城送电。

1940年,日本军国主义为了支撑侵略战争,掠夺我国电力资源,强行收购华商电灯股份有限公司股份,迫使公司宣告解散,组建伪华北电业股份有限公司,易名为北京发电所。1946年南京国民政府资源委员会接管电业,成立冀北电力公司,北京发电所改为北平发电所,由公司直辖,成为当时华北地区最大的发电厂。但由于设备陈旧、技术落后,长期疏于维修保养,管理混乱,事故频发,市民讥喻为"黑暗公司"。

1948年12月,石景山发电厂获得解放,生产得到迅速恢复和发展。后又不断扩建,并更新设备。1980年7月,石景山发电厂与原官厅水力发电厂合并,组建为石景山发电总厂。2000年3月,石景山发电厂改名为北京京能热电股份有限公司,成为北京市第一家现代化大型股份制发电供热企业，是北京地区电力负荷的重要支撑厂和主要的供热单位。

中华民国初期，从龙烟铁矿股份有限公司建石景山炼铁厂、京师华商电灯股份有限公司建石景山发电分厂起，传统的农业地区嵌入了现代工业成分，孕育着石景山从农业地区向城市转变的因素。在1956年北京市政府确定的北京城市建设总体规划中，石景山区是工业区。1958年北京市修改后的城市建设总体规划方案，确定石景山区将发展为大型冶金工业基地。在这个规划指导下，国家和北京市在石景山区陆续投资兴建北京特殊钢厂、北京重型电工机械厂、北京汽轮发电机厂、北京锅炉厂、北京第二通用机械厂、北京市水泥厂、高井发电厂等大型工业企业，形成钢铁、电力、机械、建材等工业门类，使石景山区成为北京市重工业基地。

治理：
清泉变浑　从无定到永定

第三章

从清泉河，到浑河、小黄河、无定河，永定河水性的变化，反映了流域内社会发展需求与河流生态规律之间的冲突。人类改造着河流，河流又反过来作用于人类，以一次又一次的洪水表达着对人类为所欲为的"愤怒"。正如恩格斯在《自然辩证法》所说："我们不要过分陶醉于我们对自然界的胜利，对于每一次这样的胜利，自然界都报复了我们。"北京历史上多数重大水灾，都与永定河的决堤泛滥有关，尤其是石景山—卢沟桥段的决堤、改道、泛滥等，更是直接威胁到京城安危。元明清三朝防御和治理永定河水患，成为朝廷政务的重中之重。而历史上的筑堤防洪工程的重点，就在石景山至卢沟桥这一段的东堤。

第一节　清泉变浑，水灾频仍

1500 年前的永定河流域内"杂树交荫""山林饶富""林渊锦镜，缀目日新"，由于河水清澈，永定河又有着"清泉河"的别称。金元以后，随着流域内森林采伐、人类活动强度的增加，永定河的水文状况逐渐恶化，河名也从清泉河变为卢沟河、浑河、无定河等，直接反映了河水由清变浑，河水中泥沙不断增多的变化过程。永定河水灾日益严重，对京城危害加剧。由清泉河转变为"害河"，古老的永定河走过了一段漫长而艰难的岁月。

一、斧斤荡山林，清泉变浑河

漫长的第四纪地质岁月里，古永定河从晋北高原穿过崇山峻岭奔腾而下，一过现在的门头沟三家店这个位置便坡势骤缓，再过了卢沟桥所在地更是一马平川，成为今天北京市境内最大的河流，也是最古老的河流。

在先秦典籍中，我们已经可以发现永定河的踪迹，在富有传奇色彩的《山海经》古书中，记载了有条叫作"浴水"的河流，《山海经·西山经》中说："泰冒之山，其阳多金，其阴多铁，浴水出焉，东流注于河。"《汉书·地理志》有条叫"治水"的河，流向跟它类似。著名历史地理学家谭其骧先生考订，浴水即治水，因为字形相似而在后面传抄过程中导致讹误，也就是今天的永定。此后永定河又有灅水、高梁河等名称，但最能说明当时河流情况的，要属"清泉河"。《水经注·灅水》篇里明确记载"灅水自南出山，谓之清泉"，也就是古永定河出西山后流经蓟城以南的这一段河被称作"清泉河"，顾名思义，当是因为河水清澈而得名。

辽金之前，今石景山区所在永定河流域森林茂密，生态环境良好。《史记》上记载说这里"饶材、竹"，说明西汉时期这里的森林植被是很茂盛的。《水经注》也记载永定河流域"杂树交荫""林渊锦镜"。宋辽时期森林植被仍然是很好的。在宋辽绘制的一些地图中，都绘出了今永定河上游流域山区茂密的林木。在《晋献契丹全燕之图》（见图 3-1）这幅古地图上，于儒州（今延庆）、妫州（今旧怀来）、新州（今宣化）、云中府（今大同)等地以北的高山上，清楚地绘出高大茂密的树林，并明确标注着"松林广数千里"的字样。这片广大的松林，就是多见于宋、辽史籍的"平地松林"。辽王朝贵族经常到这里去打猎，如《辽史·圣宗纪》载：统和五年（987 年）七月，"猎平地松林"；又十五年（997 年）八月，"猎于平地松林"；又开泰三年（1014 年）七月，"如平地松林"。

图 3-1　晋献契丹全燕之图①

正因为生态环境良好，永定河河水清澈凛冽，为它赢得了"清泉河"的美誉。所以三国时期，镇北将军刘靖组织军士千人，在梁山拦水筑堰，并于堰侧东岸开挖车箱渠，向东流入高梁河，浇灌田地 2000 余顷。西晋发生"八王之乱"时，成都王司马颖密令右司马和演设法杀死都督幽州诸

---

① 图片来源：《契丹国志》。

139

军事的王浚，于是"与浚期游蓟城南清泉水上"——俩人相约到蓟城南的清泉河上游览。既然当时敌对双方的军政高官能相约"清泉水上"，可见当时这里应该是蓟城士民常去的风景胜地，河流肯定不是后来泥沙俱下、浊浪滚滚的样子。"清泉河"的名称一直延续到隋唐时期，这说明了永定河在相当长的历史阶段水量丰沛而稳定，水质清澈而美丽，河流的含沙量较小。

金元年间，永定河流域人类活动强度显著增加，金代曾一次调集 40 万人到永定河流域伐木，这是多么大规模的森林砍伐！森林的破坏，导致水土流失加剧，河水中泥沙含量增多，于是永定河又出现了"卢沟河"的称呼。"卢沟"是什么意思呢？明朝人蒋一葵在《长安客话》里解释说："以其黑，故曰卢沟。燕人谓黑为卢。"南宋人周辉《北辕录》中也有对卢沟河又称黑水河的记载："卢沟河，一谓之黑水河，色最浊，其急如箭。"事实上，卢沟即黑水这种说法，恰好与这一时期永定河河性的变化相吻合。从这一时期开始，卢沟河水开始变得浑浊。《金史·河渠志》里已明确记载它"泥淖淤塞，积淳成浅，不能胜舟"。也是从这一时期开始，永定河容易泛滥成灾，威胁到北京城的安全。

元代为了建设元大都，永定河流域生态破坏越发严重。《元史》记载：至元十九年(1282 年)七月戊寅(二十一日)，"议筑阿失答不速皇城，枢密院言：用木十二万"。这条史料告诉人们一个重要的历史信息，为修筑阿失答不速皇城，预计需用木材 12 万根。这 12 万根木材，当然不是很细很短的小木，而是又粗又长的大木。仅修筑一座皇城就需要砍伐 12 万株大树，不妨推想一下，元世祖平地新建大都城的宫殿城池时，砍伐了多少成材的树木啊！

　　伴随着宏伟壮丽的元大都崛起，西山成千上万的古木也消失殆尽，留给山区的只有大面积的裸露岩石或次生树木。建都过程中石料、土方的开采也必然破坏包括森林在内的地表植被。有一幅古画《卢沟运筏图》（见图 3-2），反映的正是从永定河上游砍伐林木，然后顺河水漂运至卢沟桥，再运往都城的情景。

　　明清时期，石景山所在永定河流域森林植被进一步破坏，主要表现在伐木烧炭和用作木柴上。明代供应各宫及内官内使人员薪炭的部门叫作"惜薪司"，按照史书记载，每年要消耗 2400 多万斤木柴，再加上翰林院、织染局、太常寺等林林总总衙门，按万历年间的数目统计，总共为 43025256 斤。若以嘉靖年间增加后的数目统计，最多达到 58376436 斤。也就是说，明代仅如上几个衙门，每年就要烧掉近 6000 万斤的干木柴。从永乐迁都北京到明朝灭亡，有 220 余年，仅如上几个衙门就要烧掉上百亿斤的干木柴。明《宛署杂记》载："（石景山）近浑河有板桥，其旁曰庞村、曰杨木厂（沿浑河堆马口柴处）。"马口柴是明宫廷御膳房用柴，柴长米许，两端开口，绳捆为束，顺流漂至杨木厂，打捞上岸晾晒，再运往京城。因马口柴色泽白净，酷似杨木，故堆马口柴处名杨木厂（今养马场）。至于百姓日常生活，有学者认为，每人年耗柴也要 1000 斤，京城百万人口每年又需要 10 亿斤薪柴。月复一月、年复一年地采伐，还会有林木幸免斧斤吗？浑河（永定河）不仅为宫廷供应薪火，金元时期，开凿金口河运送西山石料、木材，以兴建中都、大都城，宫廷阶石多取自石府村，名为"石府石"。

　　经过金、元、明、清数百年的相继伐木采石，永定河流域茂密的森林大都消失，大部分地区变成童山秃岭，树木唯见劫后孑余。永定河流域森

图 3-2　卢沟运筏图（国家博物馆藏）

林匮乏状况，即使是外国人也知之甚确，"直隶各山之荒芜童秃，盛名震于天下，早为各国所共知，泰西各国屡屡派人而来中国，摄照诸山影"①。

---

① 《水灾根本救治办法》，《申报》1918 年 2 月 6 日。

　　森林植被对于固根防沙、保护土壤、贮存水分、改善气候、防止水旱灾害等具有重要作用，森林既遭毁灭，水患等自然灾害便极易发生。永定河水文状况与水灾频率的变化，即与森林植被状况有着密切关系。永定河中上游流域的茂密森林被破坏之后，时过二三百年都难以恢复。随着大量森林植被被砍伐，永定河水土流失愈发严重，河流含沙量实在太高，都能跟黄河相比了，所以元代人干脆称呼它为"浑河""小黄河"——"以其流浊也"。明万历十五年(1587 年)九月甲子(十四日)，神宗皇帝驾幸石景山，观浑河。因为他深居皇宫，只是经常听到大臣奏报"黄河冲决，为患不常"的事，但黄河到底是什么样子，他从未亲眼看见，哪里知道！所以，当他这天看到浑河时，发出了"今见河流汹涌如此，知黄河经理倍难"的感叹。这件事也反映了浑河被称为"小黄河"是恰如其分、名副其实的。因为河水中泥沙含量多，下游淤积非常严重，一到汛期，经常洪水泛滥，河道常常迁徙，所以又有了"无定河"的名称。清朝人包世臣在其《记直隶水道》一文中解释说："浑言其浊，无定以其系流沙，倏深倏浅而名之也。""浑河""小黄河""无定河"的名称，直观地反映了河水中多泥沙的特点。遥想北魏时期"清泉河"的名称，再看看"浑河""小黄河"，简直让人难以相信这竟然是同一条河流的名称，河流生态环境的变化在名称上得到了最直接的体现。

　　河道疏浚、堤防修筑可以一定程度上减少水灾造成的损失，但这种工程性措施毕竟"治标难治本"。尽管永定河水灾是多因之果，但根本原因还是在于历史上长期无序地滥砍滥伐森林和过度垦荒，严重破坏了生态平衡，造成水土严重流失，加剧了河道淤塞，洪涝在所难免。因此，为实现经济社会可持续发展，必须将生态环境和生态文明建设纳入国家

核心发展战略，长远规划，长远治理，长远平衡发展。

二、十年九见桑干改，澎湃桑田尽变海

历史上永定河洪水灾害的频率，与河水含沙量的变化相呼应，呈现出越来越频繁的趋势。目前所见永定河最早的洪水文字记录，是西晋元康五年(295 年)。该年夏季洪水冲塌了位于梁山(约今石景山以北的四平山)附近的戾陵堰，损毁了其四分之三的坝体，冲垮北岸 70 余丈，沿车箱渠两岸漫溢。戾陵堰和车箱渠是建于曹魏嘉平二年(250 年)、北京最早的大规模水利工程，目的是引㶟水(即永定河)入北京，灌溉农田。

此后几百年间，目前的历史文献上未见到永定河水灾的记载。当然，没有记载不代表没有发生水灾，但这至少说明，这一段时期永定河水患频率与为害程度有限，不是一个值得重视的问题。金贞元元年(1153 年)海陵王迁都燕京，改名中都，开始大规模城市建设。永定河流域作为京畿所在，周边地区人类活动强度显著增强，洪水亦能对京城安全构成威胁，在这以后能明显看到永定河洪水频率与为害程度不断增加。

金大定十七年(1177 年)"七月大雨，滹沱、卢沟水溢"①，成为金代首次决溢记录。大定十年(1170 年)，为了增大高梁河水量，使各地漕粮能直运京师并兼顾京西稻田灌溉，金朝在今石景山附近向东开凿了一条金口河，引卢沟水入今玉渊潭，接中都北护城河，直通京城。然而，这条人工河并没有起到理想的作用，不仅航运未果，最后连灌溉的功用也被迫放弃，原因就在于卢沟河日益恶化的水性和日趋增多的水灾。

据《金史》之《五行志》《河渠志》等篇记载，大定十七年(1177 年)七月，

---

① [元]脱脱：《金史》卷二十三《五行志》，中华书局，1975 年，第 538 页。

因连降大雨，滹沱、卢沟（即永定河）水溢；二十五年（1185 年），卢沟河决于中都显通寨（即玄同口，在卢沟桥南），诏发中都附近三百里内民夫堵塞决口；二十六年（1186 年）五月，卢沟河再次决堤，由于堵口费工浩大，朝廷任河水顺势漫流，造成了较大损失；二十七年（1187 年），鉴于卢沟河连年为害，封卢沟水神为"安平侯"以求平安，但第二年六月，卢沟河又一次决堤，今石景山、丰台、大兴一带汪洋一片。金朝被迫放弃修补玄同口至丁村（今大兴区定福庄西北）一带堤岸，以分水势，确保中都的安全。明昌四年（1193 年）六月，因连续降雨，卢沟河再次溃决于玄同口至丁村之间。此后又连续三年发生洪涝灾害，都与永定河泛滥有关。

元朝立国的 98 年间，大都地区发生水灾的年份共有 52 个，仅从《元史》中发现、可明确为浑河泛滥的年份，就有 22 个之多，其发生频率约为四五年一次[1]，有时甚至连续两三年以上年年决堤，如皇庆、延祐、泰定年间。而每一次决堤泛滥，都造成了"漂没田庐人畜"，"大水伤稼"，甚至威胁到大都城垣等严重后果。

清康熙三十七年（1698 年），永定河大筑堤防，此后永定河大堤成为良乡、涿州、固安、永清、东安、武清等永定河沿河州县重要安全保障。清政府对永定河大堤维护的重视程度上升到了前所未有的高度，留下了完整连续的永定河决溢记录。康熙三十七年至宣统三年（1698—1911 年）的 214 年间，永定河下游发生漫溢决口共 77 次。永定河下游河道决溢在筑堤初期和清代末期决溢最为频繁，康熙皇帝视察永定河，"经行水灾地方，见百姓以水藻为食"[2]。

---

① 尹钧科、于德源、吴文涛：《北京历史灾害研究》，中国环境科学出版社，1997 年。
② 《清实录》卷一百八十七《清圣祖实录》，康熙三十七年三月辛卯。

进入民国以后，水利失修，河道日堵。1912—1949 年，北京地区共有 19 个年份发生水灾，其中包括 1913 年、1917 年、1924 年、1925 年、1929 年、1939 年在内的 6 次重大特大水灾，都与永定河决口有关。例如，1917 年，永定河所带下的泥土曾于两天内将海河河身填高 8 尺。河道既为泥沙所壅塞，其容水量自行减少，而水源仍不断增加，焉不决堤横流？熊希龄就职督办京畿一带水灾河工善后事宜处后调查，"灾区一百零三县，被灾村数一万九千零四十五村，被灾人口六百二十五万一千三百四十四名，成灾田亩二十五万四千八百二十三顷零六十亩四分三厘七毫六丝"。其中京兆区[①]各县几乎全部被灾，共有 465 村被淹，受灾人数达 128036 口，永定河沿岸有 211 村受灾。

三、宗庙社稷所在，岂容侥幸万一

北京历史上多数重大水灾，都与永定河的决堤泛滥有关，尤其是石景山—卢沟桥段的决堤、改道、泛滥等，更是直接威胁到京城安危。金代时统治阶层就已意识到这一问题："金口闸下视都城高一百四十余尺，止以射粮军守之，恐不足恃。倘遇暴涨，人或为奸，其害非细。"[②]金元时期一尺约 32 厘米，也就是金人经过测量，发现永定河金口闸要比金中都高出 45 米左右，一旦遇到洪水暴涨，或者被人为破坏，洪水高屋建瓴而下，极易给都城造成严重损失。

元代统治者说得更加明确："此水（按：浑河）性本湍急，若加以夏秋

---

① 京兆区，也称京兆地方，民初建制，直属北洋政权，设京兆尹辖之，辖区相当今北京市（除延庆县外）、天津市武清、宝坻县及河北涿州、霸州、固安、永清、安次、香河、三河、蓟县等市县地。

② ［元］脱脱：《金史》卷二十七《河渠志》，中华书局，1975 年，第 687 页。

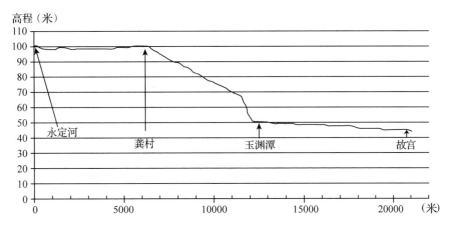

图 3-3 石景山—故宫东西向地形剖面(石景山区文化和旅游局提供)

霖潦涨溢，则不敢必其无虞。宗庙社稷之所在，岂容侥幸于万一。"①即便没有人为破坏，但是永定河夏秋汛期，水位暴涨，谁都无法保证万无一失。大都城是国家根本，宗庙社稷所在，不能有一丝一毫的侥幸心理。

明清时期，统治者的这种担心变为现实，永定河洪水多次冲进了北京城。如明末天启六年(1626 年)，《通州志》记载："闰六月久雨卢沟河(今永定河)水发，从京西入御河穿城经五闸至通州，民多溺死。"清代康熙七年(1668 年)，嘉庆六年(1801 年)，光绪十六年(1890 年)、十九年(1893 年)的最为严重，不仅直接造成北京城的巨大损失，还给京师所属各州县带来了几十年不遇的大灾荒，震动朝野。

嘉庆六年(1801 年)，永定河决口，造成京师地区特大水灾。这年从六月初一日起，京畿一带连降暴雨，持续将近一个月，以致永定河决口数处，河水泛滥，受灾异常严重，"实非寻常偏灾可比"。由于连日雨势

---

① [明]宋濂：《元史》卷六十六《河渠志》，中华书局，1976 年，第 1660 页。

过大，"宫门水深数尺，屋宇倾圮者不可以数计"。因水道下游淤塞，"圆明园宫门内外顿有积水"。永定门、右安门、卢沟桥一带水势也极为严重。因猝遭水灾，所住房屋倒塌，居民奔赴附近庙宇暂住。卢沟桥因桥洞出水不及，东岸十四号漫开十余丈，西岸一号漫开十余丈，桥南东岸刷开百余丈。东西两边漫水二三尺不等，桥上栏杆、狮子被打坏，下游民居、田亩被淹。石景山之南，因河水涨溢，自庞村直向东南，水屯村、衙门口、砖瓦窑、大井、五里店、看丹、丰台、草桥、黄村等处田禾、庐舍都有淹浸。长辛店以南至良乡等处，水势也很大。洪水之下，"京师西南隅几成泽国，村落荡然，转于沟壑"。光绪十六年（1890 年），永定河的又一次溃决给北京及河流沿岸地区带来了一场百年不遇的特大洪灾（见图 3-4）。此次水灾造成了京师地区的粮食及其他物资供应的严重短缺，引发了大饥荒。

图 3-4　1890 年右安门外水灾情况图（石景山区文化和旅游局提供）

　　通过对历史文献资料整理，可以发现永定河下游决溢后洪水有相对固定流路。在永定河下游大堤南北各处决溢中，北岸石景山—卢沟桥河段决溢后洪水直接波及北京城，影响最大。洪水往往经由京城西南看丹、草桥入凉水河，东南冲入南苑，或东行凉水河，或东南行凤河。典型水灾如嘉庆六年（1801 年），北京地区自六月朔大雨五昼夜，永定河下游水位大涨，冲开东岸石景山南十四号石堤（今张仪村附近）七八丈，土堤三十余丈、卢沟桥东岸二十三号碎石堤（约卢沟桥南三里）七八十丈。决口后洪水顺地势向东南流，成为北京历史上罕见水灾之一。如决溢点距卢沟桥稍远，则溢出之洪水汇归凤河，受影响比较大的为良乡、涿州、固安、永清、东安、武清等县。永定河南岸决溢后，由于不会影响到京城安危，统治者对南岸决溢的重视程度远远不及北岸，洪水大多南流汇入冀中的淀泊地带。

　　为保障京城安全，金代开始在永定河石景山至卢沟桥段不断筑堤。从元明清时期，这一段的永定河东岸一直是重点防守地段。元代见于《元史》记载的永定河筑堤、修堤活动始于至元六年（1269 年），止于至正十三年（1353 年），84 年间共有筑堤、修堤活动 14 次。明代永定河下游堤防修筑可分为两部分，其中之一为石景山至卢沟桥河段，由于切近京师，主要由明中央政府派员治理，所筑堤防质量极高。嘉靖年间重修卢沟桥附近河堤，文献记载称"崇基密榱，累石重甃，鳞鳞比比，翼如屹如，较昔所修筑，坚固什百矣"。直至现在，为保障北京安全，永定河出山后三家店至卢沟桥河段左堤防洪标准可达到千年以上，远远高于其他河段防洪标准①。

---

　　①　尹钧科、吴文涛：《历史上的永定河与北京》，北京燕山出版社，2005 年，第 369 页。

149

第二节　欲缚苍龙，泉脉渐枯

从辽金时期的分水漫流，到元明时期的土堤灰坝，再到清朝的石堤、石戗堤，历朝历代对永定河的治理的确是耗费了巨力尤其是清代的筑堤工程可谓登峰造极。其大堤的长度、规格，工程的复杂性、系统性，管理制度的专业化和完善程度等，都远远超过前代。日益庞大坚固的永定河堤防，尤其石景山至卢沟桥段大石堤的修筑，对北京城的确发挥了抵御洪水的积极作用，北京城直接受灾的频率确实是大大减少了。但筑堤是迫于京城安全的考虑不得不采取的一种防范措施，它也给永定河的自然生态带来了一定的负面效应，给北京地区的水环境带来了一系列变化。

一、平原起点，永定枢纽

亘古以来，永定河流经黄土高原挟带次生黄土，冲积形成北京平原，石景山正处于北京平原的起点位置。历史上的永定河流出西山后，其河道在北起清河、西南到小清河—白沟的扇形地带摆动，形成广阔的洪积冲积扇。石景山由于控扼永定河出山处，成为永定河河道迁徙的枢纽，北京小平原生长的起点。

商以前，永定河出山后经八宝山，向西北过昆明湖入清河走北运河出海。其后约在西周时，主流从八宝山北南摆至紫竹院，过积水潭，沿坝河方向入北运河顺流达海。春秋至西汉间，永定河主流自积水潭向南，经北海、中海斜出内城，经由今龙潭湖萧太后河、凉水河入北运河。东汉至隋，永定河主干已移至北京城南，由石景山南下到卢沟桥附近再向东，经马家堡和南苑之间东南流经凉水河入北运河。

唐以后卢沟桥以下的永定河分为两支：东南支仍走马家堡和南苑之间；南支开始是沿凤河流动，其后逐渐西摆，曾摆至小清河—白沟一线。自有南支以后，南支渐成主流。在这漫长的过程中，南支还出现过分汊，如元代时在北支和南支之间还有过中派，就是南支由凤河河道逐渐南摆到龙河河道的过渡状态。然而，从大的趋势来看，自从金代开始在石景山至卢沟桥段筑堤以后，频繁的改道发生在北京以下的固安、永清、廊坊一带。也就是说，如果没有历代反复修筑的这道堤防，永定河出三家店后向东流或向东北流，都是完全有可能的。

《宋史·宋琪传》记载，北宋户部尚书宋琪曾提出一条打退辽兵的计策："其桑乾河水属燕城北隅，绕西壁而转。大军如至城下，于燕丹陵东北横堰此水，灌入高梁河，高梁岸狭，桑水必溢。可于驻跸寺东引入郊亭淀，三五日弥漫百余里，即幽州隔在水南。"从以上提及的地名位置分析，当时的桑乾河（即永定河）是从石景山一带向东流的，奔向燕城（即幽州）的西北角，然后南转，绕城西墙外向南流去。宋琪建议在"燕丹陵东北横堰此水"，就是在后来被称为金口的位置附近筑堰建闸，引桑乾河入高梁河，使永定河水绕幽州城北，将幽州与辽军隔开。他设想的这条河道，就是后来金代开凿金口河的基础。

元至正二年(1342年)，元朝中书参议李罗帖木儿等提议再开金口河时，中书左丞相许有壬极力反对，他说："西山水势高峻，亡金时，在都城（即金中都）之北流入郊野，纵有冲决，为害亦轻。今则在都城西南，与昔不同。"可知，金末卢沟河还时有从中都城北往东流的现象。《马可•波罗游记》中曾经写道："汗八里城（金中都城）在契丹省的一条大江之上，自古以来就以雄伟庄严而驰名遐迩……他（忽必烈）决定在江的对岸另建新都……新旧都城只一江之隔。新都取名大都。"从地理位置判断，马可•波罗所说的这条新旧都城相隔的"大江"，就是从石景山向东沿金代开凿的金口河道流经中都城北的卢沟水。

北魏至金元期间，永定河下游河道迁徙大致以卢沟桥为顶点，主流以东行、东南行为主。北魏《水经注》时代，永定河下游流经今萧太后河，汇入鲍丘水，与鲍丘水合流后继续东行，大约沿今蓟运河河道至宁河入海。按照郦道元《水经注》记载，今永定河河道当年为古圣水河下游。宋辽时期，永定河河道分为南北两支，北支为主流所在，与北魏时期相比河道已南摆至今凉水河河道；另有一支东南行，经固安、永清，夺圣水河道。金元时期永定河主流以东南行为主，主流经今永定河以北的天堂河、龙河、凤河河道。这一时期永定河含沙量已经增多，有"卢沟""浑河""小黄河"之称。

明代至清康熙三十七年（1698年）间永定河下游河道大致以北蔡—辛庄为枢纽，河道迁徙范围广阔，主流以南流为主，在主流河道之外还形成了若干分支河道，具有显著冲积扇上河道特点。这一阶段内又可划分为两个小阶段：自明初至明嘉靖年间，永定河下游河道经固安以西，南流至霸州附近汇入大清河，此形势维持百余年之久；嘉靖以后，随着河道淤积严重，主流又向东迁徙，此后至明末，河道"时雨浃旬，辄复冲决"①，"桑沧屡易，故道难寻"②，下游多条河道并存，主流迁徙无常，很多河道没有或仅有极简略记载。顺治八年(1651 年)，永定河夺白沟入大清河。白沟以西有拒马河(出山后形成的)冲积扇，地势转高，永定河至此达到河流迁徙的西南界限；顺治以后河道向东徙，但总在固安以西，呈向南流势，河道曾行今大沙河、牤牛河、太平河等河道，南与大清河相汇。

康熙三十七年(1698 年)以后，卢沟桥至永清郭家务之间的河道固定，河道迁徙集中于双营以下原永定河冲积扇扇前洼地，即三角淀内。经过永定河两百余年淤积，三角淀被淤高。1939 年，永定河于固安梁各庄决口东行，河道北移，脱离了行经近两个半世纪的三角淀泛区，形成永定河新泛区。1970 年在屈家店以东原放淤引河的基础上，开挖永定新河，经宁河、塘沽，东流到北塘附近，与潮白新河、蓟运河相汇，入于渤海，最终形成今天永定河下游河道形势。

辽金元时期虽已开始修筑永定河堤，但永定河在石景山至卢沟桥之间仍有较大的活动空间。清朝筑堤以后，即使汛期时石景山至卢沟桥间的堤坝也经常溃决，但都很快被修补堵塞，卢沟桥以北向东再也没有形成过主流河道。也就是说，永定河从此成为一条从北京城郊西南角"路过"的河流，曾经穿越北京城的清河故道、金钩河故道和灅水故道从此成为永定河的历史遗迹。

---

① 《(万历)顺天府志》卷一《地理志》，北京图书馆藏万历刻本影印本。
② [清]郑善述纂修：《固安县志》卷一《川渎》，康熙五十三年(1714 年)刻本。

二、水脉渐枯，清泉难现

作为永定河出山枢纽所在，石景山对北京城市发展另一重要意义在于，它还是北京泉湖的重要补给源泉。历史时期北京平原上泉湖空间分布特点与永定河冲积扇地貌结构密切相关。在永定河冲积扇的上部，地形坡降大，沉积物颗粒较粗，有利于吸收大气降水及山区汇流的地表水；冲积扇下部，随着地形变缓，沉积物颗粒变细，透水性变差，地下径流受阻，潜水出露形成下降泉，并在附近汇成湖泊。

从永定河古河道分布示意图中，我们可以清楚地看到，北京的主要水源涵养区和供给地都在永定河的几条故道上。著名的湖泊园林昆明湖、圆明园等，著名的"万泉之地"万泉庄、沼泽湿地海淀以及清河等都位于最北边的古清河故道；玉渊潭、莲花池、紫竹院、积水潭、后海、中南海、龙潭湖以及高粱河等水域都镶嵌在古金钩河故道洼地中；万泉寺、南海子(南苑)、凉水河、凤河等则是古㶟水河道的遗存。这些水体，要么是永定河流过后的积存，要么是永定河冲积扇溢出的地下水，永定河分出的支汊就像毛细血管，向北京大地输送着丰沛的水源。至今石景山区仍有不少地方以"井""泉"命名，如天泰山脚下的双泉寺村，村中的双泉寺西墙外，有两眼清泉，泉水清澈，潺潺不息，甘美爽口，寺名与村名即由此而来。曾经充沛的地下水，还形成了令人称奇的"满井"景观："井高于地，泉高于井，四时不落。"明代文学家袁宏道在游览东直门外满井时，写下了散文名篇《满井游记》。这种满井现象，石景山区也曾有过。在双泉寺以东、翠微山以西，有村名满井村，故老相传村中有井，四时常满，并且时常溢出井外，满井村因此得名。除满井村外，还有高井村，

154

一说是因村中两眼水井的井台较高得名，不过也可能与满井类似，因"井高于地，泉高于井"，称为"高井"。今苹果园附近西井村（西井小区、西井路）也是因井得名。八大处龙泉庵"龙泉"为北京地区最佳泉水之一。

永定河筑堤后，主流再也没有从这些故道上经过，不仅如此，由于石堤或石砌岸的阻挡以及泥沙淤积所造成的河床抬高，滔滔河水只能径直向下游流去，很难再通过自然下渗的方式补充地下水，从而使得这些古河道上的沼泽、湖泊、泉流缩小乃至消失，地下水位急剧下降。

对北京城影响最大的永定河清河故道和金钩河故道上的水源供给，在明清时出现十分明显的减少。属于西山东支脉的玉泉山，正处于永定河洪积冲积扇的山前溢出带，山脚下原本随处可见清泉涌动，其水汇成溪流、湖泊，密布于今玉泉山、颐和园、温泉、海淀一带，一直是金元明清各朝营建都城、引水助漕、开田灌溉、兴修宫苑的重要水源。但明朝以后有迹象表明，这一水源已经开始衰减。以此水源为唯一依赖的什刹海（积水潭）等内城河湖由于上游来水减少，湖面日渐萎缩。从《北京历史地图集》上对比元至正年间，明万历至崇祯年间，清乾隆年间、宣统年间直至民国时期的北京城区地图，就可以直观地看到什刹海（积水潭）水域面积的逐渐缩小。元朝时作为南北大运河终点一度船桅林立、"舳舻蔽水"的积水潭（元人又称"海子"），到明清时已被大片的街道和稻田蚕食。元朝时曾为南北漕运带来辉煌的通惠河，到明清时已是运行维艰，难以为继。

永定河故道上的水体萎缩和石质堤坝对河水渗透的严密阻隔，所带来的连锁反应就是地下水位下降和浅层地下水的水质恶化。在明代以前，

很少有京城井水多苦的记载，而明清以后却屡见不鲜。明代陶汝鼐
（1601—1683年）有诗云："京城浊水味多咸，惟有天坛井正甘。"清初进京
的谈迁记载，"京师天坛城河水甘，余多苦……又故相石珤《酌泉诗》：
'往往城中水，不如郊外甘。如何城市客，不肯住长安。'京师各巷，有汲
者车水相售。不得澼汲，其苦水听之亡论。"清初，由于对北京城内水质
颇不习惯，顺治六年（1649年），摄政王多尔衮曾以"京城水苦，人多疾
病，欲于京东神木厂创建新城移居"，后因估计之经费浩繁而止。

由于京城井水普遍苦涩多碱，皇帝及宫廷贵族们吃水要靠从玉泉山
等地取甘泉水特供，有钱有势的人家要么自己打深井，要么则从推车售
水的水夫那里购买。到后来，连普通百姓吃水也不得不花钱去买。因此，
自明清至民国，北京一直活跃着一个专门的卖水行业。

有关京城井水水质变化的过程，从民间盛传的一则"高亮赶水"的传
说中也能得到印证。该故事说的是明修北京城时，刘伯温派手下大将高
亮去追赶龙王龙母要回水源，结果高亮不小心捅破了龙王龙母装满苦水
的水桶，从此整个北京的水都变成了苦水。从这则传说起源的时间看，
北京城水质开始恶化的时间应该是在明朝以后。上述这些变化固然有社
会因素（比如政策带动、人口增加、城市扩张等）在起作用，但永定河主
流被彻底移出原有河谷是其地貌改观和水环境变迁的地理基础。正是这
些改变，给北京城的水源供给带来了巨大影响。从此，北京只能转向东
北求诸以潮河水系为主的水源。清末，北京第一座自来水厂——孙河水
厂就建立在隶属于潮白河水系的温榆河畔。

三、淀湖淤塞，生态退化

在京郊永定河的故道区域，由于石景山一带筑堤约束，永定河河水不再光顾，加剧了湖泊萎缩干涸直至成为平陆的进程，其典型的例子就是"下马飞放泊"和延芳淀的变迁。

今卢沟桥往东经丰台、南苑、马驹桥、采育一带地区，原为永定河故道，历史上曾经泉眼成群、岔流众多、淀泊沼泽密布、人烟稀少，元代皇家猎场——下马飞放泊就位于此处。到明朝时，下马飞放泊的水域面积开始缩小，但仍以其水四时不竭、汪洋若海，而被称为"南海子"。清朝前期，南海子被清廷作为皇家苑囿扩大修缮并严格保护起来，改称"南苑"。乾隆三十六年（1771年）有一首诗《海子行》，对这一带的环境做了如下描述："元明以来南海子，周环一百六十里。七十二泉非信征，五海至今诚有此。"元明记载南海子是160里，而清人考证说不过120里。可见南海子在萎缩。《日下旧闻考》记载元明时原有泉流72处，到清朝时已减少至23处了。对比明清两朝南苑的地图可以发现，所谓"五海"其实就是原本烟波浩渺的三大片水域到清朝时已离析为五个小的湖泊，而且第四、第五个湖泊只有在夏秋时节才有水。

永定河每泛必淤。明代重臣刘体乾墓的淤埋是永定河地面迅速淤积的典型案例。该墓位于廊坊市安次区仇庄乡东储村东南，光荣村（原安次县故城）东北。由于永定河泥沙淤积，多年来地表仅暴露神道碑碑首、东侧石望柱及石牌坊柱头。2003年廊坊市文物管理处对墓地石刻进行了抢救性清理（见图3-5）。经发掘后测量，被掩埋的神道碑通身高3.3米、石望柱高 3.61 米、石牌坊边柱高 3.27 米、中柱高 3.7 米①。可见自万历以来当地地面淤高了 3 米左右。

a. 清理前刘体乾墓地状况　　　　b. 刘体乾墓清理过程中

图 3-5　明刘体乾墓清理前后对比②

永定河故道岸边的土壤剖面，清晰地展示着一层砾石、一层粗砂、再一层细土这样叠加、重复了十几层的河流泛淤痕迹。走在曾经是河道的地方，一脚踩下仿佛脚底是厚厚的面粉，放眼望去映入眼帘的是漫漫黄沙。20 世纪末，有关部门监测研究表明，永定河下游地区沙地面积约 2000 平方千米，成为京津地区沙尘主要来源之一。

纵观永定河的水利开发历史，可以发现永定河河性变迁的关键在于整个流域被过度开发。上游植被自辽代以来就遭受了被滥砍滥伐的命运，

---

① 李明琴：《明兵部尚书刘体乾墓神道石刻》，《文物春秋》2011 年第 5 期。
② 图片来源：http://blog.sina.com.cn/s/blog_72483acb0101eobw.html。

致使上游地区呈现水源短缺和植被稀少之态。中下游河道河水浑浊，含沙量大；而日益固定的堤岸彻底改变了永定河出山后摆动分流的自然风貌，使得河床淤高，进一步加大了决堤的风险和下游的泥沙沉积。同时，导致涵养京城水源的几条永定河故道出现水体萎缩、湖泊湮废、地下水位下降、水质恶化等问题，对流域内原有水环境也造成不可估量的破坏。形象地描述就是这样一幅怪状：一方面，滔滔洪水涌来，不得不加高堤防；另一方面却是原有的河道日渐干涸、沿岸水土退化，珍贵的河水被堤岸包裹着直接往下"赶"，把水灾与环境退化的危机继续延伸到下游。

永定河真正安澜永定，是在中华人民共和国成立以后，这一方面得益于水利事业发展的巨大成就，另一方面也与整个流域范围内水源急剧减少有关。20世纪50年代至80年代，先后修建了官厅水库和卢沟桥分洪枢纽工程，从此远离了永定河水患，但是也彻底改变了永定河的面貌。从清泉河到浑河，从无定河到永定河，其中，有多少是大自然的造化？又有多少是人类活动使然？母亲河曾经为城市的发展奉献了全部，而人类又回报了它什么？这是非常值得深思的问题。

第三节　金堤永固，畿辅安澜

作为中国古代治河的经典区域，石景山永定河沿岸留下了丰富的水利文化遗存，它们是不同时期河流利用与治理理念的见证，是永定河文化带深厚文化底蕴的重要组成部分。在更深层面上，这些遗产则反映了中国古代对天人关系的认识，闪耀着中国古代传统智慧、传统哲学的光辉。挖掘其中的精华，对于继承古代文化遗产、丰富我国思想文化宝库都具有重要意义。

一、千年探索，水工经典

随着金元以后永定河河性发生变化，河水挟沙卷土，冲突激荡，易淤易决，迁徙无常，给沿岸人民带来了极大危害。尤其是永定河之石景山至卢沟桥一带的筑堤防洪，被视为京畿事务之要。因而，元明清历代王朝都很重视对永定河的治理，围绕着如何治理永定河的问题，历朝历代提出过多种治理方略，或疏以导流，或筑堤以束水，或从局部的工程措施着眼，或从上中下游全面治理的宗旨出发，有的实施效果明显，有的则被证明是错误和失败的，但都为后人留下了历史的经验和教训。

（一）累石重甃，固若坚城：石景山—卢沟桥大堤修筑

自金代始，北京成为都城，周围州县也就成为京畿重地。永定河是流经此地的最大河流，它的安澜与否直接关系到京南诸州县农业收成的丰歉和百姓生活的安定。而石景山至卢沟桥一段，河道堤防更是关系都城安危。所以，金元以后，修筑永定河堤，尤其石景山至卢沟桥段堤防，成为一件不容稍怠的大事。

《金史·河渠志》记载，金朝大定年间卢沟河决于显通寨（今石景山至卢沟桥之间），"诏发中都三百里内民夫塞之"。面对日益严重的水患，元朝放弃了开凿金口河导引永定河水以济漕运的计划，而专注于筑堤固岸。根据《元史》记载，自至元六年（1269年）筑东安浑河堤，至至正十三年（1353年）修补东安州、武清、大兴、宛平四州县浑河堤，见于记载的浑河治理活动共18次。不仅石景山至卢沟桥段堤防为重中之重，京畿地区的安全也受到重视。从《元史》记载看，此时永定河下游当已有连续堤防的存在。如元成宗大德六年（1302年）正月，"筑浑河堤长八十里"；四月，"修卢沟上流石径（景）山河堤"；延祐三年（1316年）浑河决堤，元政府借此机会对浑河堤防进行了普遍维修，"上自石径山金口，下至武清县界，旧堤长计三百四十八里，中间因旧修筑者大小四十七处，涨水所害合修补者十九处，无堤创修者八处"。也就是从这一时期开始，北京城对永定河由依赖转为防范。

明代修筑永定河大堤，不仅频率大大增加，其规模及质量也大大提高。石景山至卢沟桥段大堤，仍然是堤防修筑关键。明代见于记载的永定河筑堤、浚河等河道治理工程有46次，其中16次集中于石景山至卢沟桥段。明代永乐以后仍以北京为国都，为进一步保障京师安全，永定河

卢沟桥段河堤全改为大石砌筑，堤工质量明显提高。正统元年（1436年）冬至二年（1437年）夏，明王朝征发两万余工匠修筑卢沟桥一带河堤，"月给粮饷以万计，累石重甃，培植加厚，崇二丈三尺，广如之"，耗时大半年仅筑石堤165丈（约合528米），堤防修筑标准之高可以想见。嘉靖四十年（1561年）重修的卢沟桥附近堤防，"延袤一千二百丈，高一丈有奇，广倍之"，一直沿用至清代。主持官员，多为明王朝临时派出的朝廷重臣，如正统元年（1436年）七月，水溢浑河狼窝口及卢沟桥，堤岸皆决，于是"命行在工部左侍郎李庸修狼窝口等处堤"；成化十九年（1483年），"命工部左侍郎杜谦督工修筑卢沟桥堤岸"①；弘治二年（1489年），浑河决杨木厂（今属石景山）堤，"命新宁伯谭祐、侍郎陈政、内宫李兴等督官军二万人筑之"。卢沟桥以下河道，主要靠地方官员主持治理。

清代不仅沿袭明代做法，继续屡修屡决、屡决屡修地完善着永定河大堤，康雍乾时期，更是把永定河筑堤推向了一个历史高峰。早在顺治九年（1652年），清朝就开始大规模地整修过石景山至卢沟桥段的河堤。康熙七年（1668年）的大水灾过后，康熙又多次下令巩固堤防，并禁止堤岸两侧的庄户和佃户私自开沟引水灌田，以保障河堤的安全。康熙三十七年（1698年）浑河再次决口，命直隶巡抚于成龙负责筑起前所未有的永定河两岸大堤。从石景山一直到下游的永清，用两条长堤把往复摆动的浑河中下游河道束缚在固定的河床中，以杜绝其漫流改道的可能。"永定河"之名也由此而来。在此基础上，清代以"高筑堤"和防决堤为首要，持续不断地对永定河堤坝进行修修补补，或开新河，或加筑遥堤，史书上

---

① 《大明宪宗纯皇帝实录》卷二百三十六，成化十九年正月。

这类工程的相关记载可谓长篇累牍，不绝于史。例如，康熙四十九年
（1710 年），在衙门口、真武庙以及纪家庄至庞村一线（俱在今石景山区）
修筑土堤、挑水坝并以埽护堤；五十八年（1719 年），修永定河沙堤，南
岸自高店（今房山高佃）至牤牛河闸（即金门闸），北岸自鹅房（今属大兴）
至张客村（今大兴南、北章客）；五十九年（1720 年），修卢沟桥石土堤等。
雍正九年（1731 年）至十一年（1733 年）间，则多次加固永定河的石景山至
大兴段两岸大堤及月堤，共计长四万七千六百三十丈五尺。

除规模较大的全河段大堤补修外，康熙三十七年（1698 年）后多则三
四年，少则一两年即立项另案工程对重点或薄弱堤段进行修补。根据清
代三部《永定河志》与《（光绪）顺天府志》记载，自 1698 年至 1911 年 214 年
间，清政府见于记载的永定河下游河工有 140 次之多。正是有了这 140 次
的增补、添筑才形成了永定河自出山口至尾闾绵延 400 余里的大堤，避
免了明代永定河迁徙无定的重演。

作为守护京城的关键，石景山至卢沟桥段大堤，清代的修筑与管理
更加精细。雍正年间，石景山东西两岸堤工通编为天字三十九号。到乾
隆年间分东西两岸，其中东岸自南金沟起至北岸上头工交界止，长二十
三里九十六丈，编为二十四号；西岸卢沟桥以北地势高阜，旧本无堤，
自卢沟桥桥翅南起至南岸头工交界止，长十四里，编为十四号。乾隆年
间，各段堤工情形如表 3-1 所示。

表 3-1　石景山至卢沟桥大堤分段及堤防详情

堤岸	编号	性质	大堤详情
东岸	第一号	片石堤	北金沟片石堤长十丈，南金沟片石堤长三十丈七尺，共长四十丈七尺。雍正九年以前工部修建，乾隆十七年筑片石戗堤
	第二号	片石堤、大石堤	石景山前片石堤长六十九丈五尺，雍正九年以前工部修建，乾隆六年修补片石戗堤，长六十三丈。片石堤长七丈，大石堤长十五丈五尺，片石堤长八丈，土堤长八丈，内帮砌片石戗堤
	第三号	土堤、大石堤	土堤长一百三十三丈，大石堤长四十七丈。雍正九年以前工部修建，乾隆元年庙后大石堤残缺，修补片石戗堤十五丈；三十四年拆修，改筑大石片石戗堤十六丈，内帮片石戗堤一百三十三丈五尺。片石鸡嘴坝二座，长四十六丈九尺
	第四号	大石堤、片石堤	大石堤长七十三丈，雍正九年以前工部修建，乾隆元年修补片石堤十五丈，三十四年改做十六丈。片石堤长一百零七丈，乾隆五年加大石戗堤二十丈，又南接片石戗堤二十五丈，十八年补修片石戗堤五十一丈五尺。鸡嘴坝一座，长四丈一尺。北极庙前铁牛一具，康熙戊午年工部差送安置，牛高二尺，身长六尺
	第五号	大石包砌土堤	土堤长一百八十丈，堤上横道通西山煤厂及潭柘、戒檀之路。堤身大石包砌，名旱桥
	第六号	土堤、大石片石堤	土堤长一百八十丈，此号内，旧大石片石堤长十九丈二尺。乾隆四十六年修筑片石戗堤长二十五丈，乾隆五十年修筑片石戗堤三十丈
	第七号	土堤	土堤长一百八十丈
	第八号	土堤	土堤长一百八十丈。拦河土坝一道，长八十丈，乾隆三年筑
	第九号	土堤	土堤长一百八十丈

堤岸	编号	性质	大堤详情
东岸	第十号	土堤、片石堤	土堤长三十三丈，片石堤长六十丈，片石堤长六十七丈，内大石护堤三十七丈，乾隆元年修砌。片石堤长二十丈
	第十一号	片石堤、土堤	片石堤长三十四丈；片石堤长五十二丈，乾隆二十三年筑；乾隆三十年修筑大石片石戗堤三十六丈五尺。片石堤长五十四丈，乾隆二十四年接筑。土堤长四十丈
	第十二号	土堤	土堤一百八十丈
	第十三号	土堤、石子堤	土堤长一百三十七丈，石子堤长四十三丈
	第十四号	大石片石戗堤、大石堤	石子堤长一百七十五丈，乾隆二年加筑灰顶八十五丈，乾隆三年内帮砌大石片石戗堤一百七十五丈。大石堤长五丈
	第十五号	大石堤	大石堤长一百一十五丈，雍正九年以前修建，乾隆四年修补，上有灰顶。上坝台大石堤六十二丈，上有灰顶。乾隆五年筑片石小戗堤十丈。石子堤长三丈
	第十六号	石子堤	石子堤长八十丈五尺，乾隆元年坝台南砌片石戗堤二十八丈五尺，三年上下坝台中帮砌片石戗堤五十二丈，十三年补修片石戗堤三十二丈。下坝台大石堤长六十一丈，大石堤长三十八丈五尺。鸡嘴坝一座长四丈五尺
	第十七号	大石堤、片石堤	大石堤长三十九丈五尺，片石堤长八十八丈，雍正十一年筑戗堤二十丈，乾隆八年帮片石戗堤七十丈。大石堤长十丈。片石堤长四十二丈五尺，内加片石戗堤四十二丈五尺，乾隆九年筑拦河坝十二丈，又接砌大石片石挑水坝五十六丈，片石横堤十六丈
	第十八号	片石堤、大石堤	片石堤长二十二丈五尺，内加帮片石戗堤二十二丈五尺。大石堤长一百五十七丈五尺，内帮大石片石戗堤五十丈

165

续表

堤岸	编号	性质	大堤详情
东岸	第十九号	大石堤	大石堤长一百八十丈
	第二十号	大石堤、石子堤	至桥北雁翅止，大石堤长六十丈五尺，接南雁翅石子堤长一百一十九丈五尺，内加帮片石戗堤四十五丈，片石小戗堤三十丈，片石戗堤四十三丈五尺
	第二十一号	石子堤、土堤	石子堤长一百七十一丈，乾隆四年修砌片石斜戗六十五丈。土堤长九丈，内帮片石戗堤九丈。鸡嘴坝一座，兵铺一所
	第二十二号	土堤	土堤长一百八十丈，内帮片石戗堤一百八十丈。此号乾隆二年漫溢抢筑完固
	第二十三号	土堤	土堤长一百八十丈，内帮片石戗堤一百八十丈
	第二十四号	土堤	土堤长九十六丈，内帮片石戗堤九十六丈。鸡嘴坝一座
西岸	第一号	石子堤	卢沟桥南雁翅起石子堤长一百八十丈，雍正九年以前部员修建，乾隆二年修补九十九丈，七年修补六十丈
	第二号	大石堤	大石堤长一百八十丈，乾隆五年自玉露庵起接连下号修补大石堤，共长四百二十丈
	第三号	大石堤	大石堤长一百八十丈
	第四号	大石堤	大石堤长一百八十丈，乾隆十二年筑片石戗堤六十二丈五尺，十九年筑片石戗堤四十五丈。兵铺一所
	第五号	大石堤	大石堤长一百八十丈，乾隆十五年筑片石戗堤五十四丈，二十年筑片石戗堤四十二丈
	第六号	大石堤、土堤	大石堤长一百三十丈，乾隆十六年修补片石堤三丈。土堤长五十丈
	第七号	土堤	土堤长一百八十丈。兵铺一所
	第八号	土堤	土堤长一百三十丈
	第九号	无堤	地势高阜，向未建堤，今仍按丈分里编号

续表

堤岸	编号	性质	大堤详情
西岸	第十号	无堤	
	第十一号	无堤	
	第十二号	无堤	
	第十三号	无堤	
	第十四号	无堤	

资料来源：《（乾隆）永定河志》卷五《工程志》。

从上述有关清代永定河筑堤的历史记载中，可以看出，永定河的河防是清廷京畿事务的重大问题；清代石景山至卢沟桥永定河东岸的河堤基本被改造成石堤或加片石护内帮的石戗堤，这是永定河工程史上的重要进步；清代永定河大堤的长度、规格，工程的复杂性、系统性及其管理制度的专业化和完善程度等，都远远超过前代。永定河堤防成为一个严密的系统，从而将历史上也曾清波漫流的永定河与北京城远远地隔开。

（二）兴筑减坝，深浚减河：永定河治理的传统水利思想遗产

作为传统治河高峰，清代永定河历次大规模治理活动实践了"束水攻沙、蓄清刷浑""清浊分流""顺水之性、不事堤防""兴筑减坝、深浚减河"等河道治理思想，成为中国古代河道治理思想的集中体现，是永定河文化带的重要组成部分。永定河治理思想，不仅是中国数千年水利实践的产物，也是中国古代传统智慧、传统哲学的映射，反映了中国古代对天人关系的认识。对不同时期治河理念的挖掘，是理解永定河文化带现存水利文化遗存的基础，对于当代的治水实践与水环境规划，也有一定的借鉴意义。

"束水攻沙、蓄清刷浑"是明代嘉靖至万历年间潘季驯治理黄河实践经验的总结，也是明清北方河道治理的经典理论，在康熙年间永定河治理中使用尤其广泛。"束水攻沙、蓄清刷浑"实际包含了两方面，一是"筑堤束水、以水攻沙"，即"水不奔溢于两旁，则必直刷乎河底"，"旁溢则水散而浅，反之则水刷而深"，通过束狭河堤，加大流速，利用水力原理，冲刷泥沙，将泥沙带至河口，使河床冲刷不至于淤积。二是讲究"蓄清刷浑、以清释浑"，即将含沙量较小的清水，注入高含沙量的浑水，不仅可以稀释原有河流含沙量，提高河流挟沙能力，而且增加原有河流水量，增强对河底淤积的冲刷力。康熙年间永定河的治理是"束水攻沙、蓄清刷浑"河道治理思想在黄河之外最经典的应用。

　　在对永定河进行实地考察，认识到永定河含沙量高、善淤喜徙特性后，康熙谕示："此河性本无定，溜急易淤。沙既淤则河身垫高，必致浅隘。因此泛溢横决，沿河州县居民常罹其灾。今欲治之，务使河身深而且狭，束水使流，借其奔注迅下之势，则河底自然刷深，顺道安流，不致泛滥"①，明确指出治理永定河要采用"束水攻沙"的方法，增强永定河"奔注迅下之势"，加大水流挟沙能力，减轻河道淤积，实现"筑堤束水、以水攻沙"的设想。

　　"筑堤束水、蓄清刷浑"初期曾起到了一定作用，但总体上看，康熙、雍正两代数十年努力，消耗大量人力、物力、财力后，永定河河患治理并没有收到统治者预期的效果。乾隆二年（1737 年）农历六月二十九，永定河再次发生严重水灾："冲刷石景山土堤一处，漫溢南岸十八处，北岸

---

　　① ［清］周家楣：《（光绪）顺天府志》卷四十一《河渠志》，光绪十二年（1886 年）刻本。

二十二处。"其中"张客地居上游，出水更利，漫刷至四百余丈，全河大溜尽从此出，由宛平、良乡、涿州、固安、永清、东安、武清等县弥漫而下，归凤河"。沿河州县低田禾苗、附近庐舍，多被淹损冲塌，形成严重水灾。在此影响下，清王朝统治阶层对自康熙三十七年（1698 年）以来永定河治理开始反思，"顺水之性、不事堤防"的河道治理思想逐渐占据上风。

康乾年间永定河历次大规模治理活动的背后，均有清晰的治理理念作为指导。按照"束水攻沙、蓄清刷浑"的方针，永定河下游建立了系统而连续的堤防体系，改变了此前下游河道在河北平原北部大范围迁徙的情形，成为永定河治理史上的标志性事件。随着堤防系统的建立，永定河泥沙尽入东淀湖群，阻塞了大清河水系归海流路，于是"清浊分流"继之而起，以牺牲三角淀为代价，换取大清河—东淀的暂时安宁。由于过于追求收束堤防，康雍年间永定河治理效果未能达到预期，乾隆初年永定河治理出现了"不事堤防"的理念，主张放弃永定河堤防，任水漫流，恢复以往永定河下游"一水一麦"的种植制度。复归故道失败，但乾隆初年这种"不事堤防"的治理理念并未完全放弃，而是进行了调整。通过一系列闸坝、减水河的建立，分泄永定河洪水。闸坝—减水河系统的建立，既是对"不事堤防"理念的继承与发展，又充分利用了康熙以来的永定河堤防工程以及历史时期永定河故道。乾隆以后永定河的治理，基本是在此基础上的完善。

作为古代治河高峰，康乾年间永定河治理的思想遗产，是永定河文化带深厚文化底蕴的重要组成部分。对不同时期治河理念的挖掘，是理解永定河文化带现存水利文化遗存的基础，对于当代的治水实践与水环境规划，具有重要的借鉴意义。

（三）层层节制，段段设防：从石景山同知衙门看清代永定河治河机构

清代永定河下游河道的全面治理不仅表现在堤防的修筑上，也表现在下游地区独立的堤防管理体系建立与完善。"永定河切近畿郊，两岸堤工共长四百余里，附近十余州县农田民生所系，实为最要之工。"①为维护这一连绵 400 余里的堤防，清政府建立了一套等级清晰、权责明确的管理体系，石景山同知衙门就是这一管理体系中的关键组成之一。

康熙三十七年（1698 年）永定河大堤修筑完成以后，为改变以往重修建轻维护的弊端，康熙帝着手在永定河下游建立专门的河道堤防管理体系。初设南北岸分司，以同知二员分管南北两岸堤工。南北岸各分八汛，由部院笔帖式及效力人员题补。原设三十六人，康熙四十三年（1704 年），直隶巡抚李光地请汰河工冗员，永定河保留正副笔帖式各十一人，"以二员管理钱粮档案，二十员分派两岸，保守堤河"②。

雍正即位后对这种管理制度进行了较大改革。雍正元年（1723 年）将南岸分司和北岸同知裁去，以北岸分司来兼理南岸的事务，并裁撤八名笔帖式，留十四员。雍正四年（1726 年）怡亲王允祥主持京畿地区水利营田，奏称"直隶之河宜分为四局，永定河为一局，应设道员一员，总理永定河"，请求设立永定河道台，"掌治河渠以时疏浚堤防"，永定河道由此成立，初兼按察司副使或佥事衔，乾隆十八年（1753 年）罢兼衔，为正四品官。

---

① ［清］李鸿章：《李文忠公奏稿》卷二十一《请复永定河工需原额折》，民国十年（1921 年）影印金陵原刊本。

② ［清］李逢亨：《（嘉庆）永定河志》卷一十五《奏议》，文海出版社，1969 年，第 284 页。

　　道台之下，同知、通判级职位有四处，其中同知三处，为正五品级，包括北岸同知、南岸同知、石景山同知；通判一处，即三角淀通判，为正六品。各职位设置时间及沿革依次为：

　　北岸同知，始设于康熙四十三年(1704 年)。雍正元年(1723 年)为便于统一管理，永定河北岸同知被裁撤，由南岸同知兼管北岸分司事。但永定河工段绵长，以一厅而兼两岸工程，"挨工查看，数日方周；若遇汛水涨发，水猛溜急，不能挽渡，汛险工长，顾此失彼"①，不得不在雍正十一年(1733 年)复设北岸同知，驻扎半截河村。

　　南岸同知，始设于康熙四十三年(1704 年)，雍正元年裁北岸同知后兼管北岸同知事，十一年复设北岸同知后，仍专管南岸，辖南岸八汛，驻扎固安县东门外。

　　石景山同知，由于石景山一带河道堤防的重要性，雍正八年(1730 年)专设石景山同知一员，专管两岸石工，驻拱极城。

　　三角淀通判，雍正十二年(1734 年)，永定河下游地区河道管理再次进行了较大规模的调整，在三角淀一带添设管河通判一员，驻扎王庆坨，令疏浚永定河入淀下口。

　　同时怡亲王允祥认为，原有的依靠部院笔帖式等人员，既非地方专员，"于民事漠不相关，采买收授，未免胥役扰累"。沿岸州县与永定河道台之间，虽然体有尊卑，但没有直接关系，呼应不灵。建议在沿河州县，各添州判、县丞、主簿等官，以资分防，称为"汛员"。

　　南北岸同知原各辖九汛，不同时期随河防形势会略有调整。每汛各

---

　　①　[清]李逢亨：《(嘉庆)永定河志》卷一十七《奏议》，文海出版社，1969 年，第 322 页。

设汛员一名，汛员由沿河各州县州同、州判、主簿、县丞担任。每名汛员负责特定地段大堤日常维护与汛期防汛事宜。乾隆年间永定河大堤各依本工里数编号，依次为北头工、二工、三工……九工；南头工、二工、三工……九工。各工以下分号，每号约长一里。乾隆后期南岸同知分管南岸堤工长一百五十四里，北岸同知分管堤工长一百五十五里四分，三角淀通判经管南堤自冰窖村接南堤起长七十九里一十四丈，北堤自小荆垡接北岸起长四十九里一百二十八丈。

经过雍正年间的改革，形成了永定河道—同知/通判—汛员三级管理体制，成为永定河管理机构的一次大变革。此后直至清王朝覆灭，永定河管理机构虽有调整，但大的格局并没有变化。

雍正以后形成的这种永定河道—同知/通判—汛员三级管理系统具有强大的动员能力，以永定河每年汛期前疏浚培堤为例："每里一铺，每铺五人，上堤交土。五日更换，九十日之后，准其下堤。是农忙之际，每铺九十人，全河四百三十里，役使耕农至三万八千余名之多。宜其嚣然不靖，控案累累。既而改令方春二月上堤交土，村民均派充当。每铺五人，逐日更替。于是全河需用之村民，约一十八万数千人。老幼废疾，肩挑户贩，无一获免。"①这种强大的动员组织能力在清代永定河治理中发挥了重要作用，保证了康熙三十七年（1698年）以后永定河下游再未发生大范围迁徙。

具体到石景山一段，由于石景山一带堤工关乎京城安危，故石景山同知专管此段土石堤工。前文已述，该职位设立于雍正八年（1730年），

① 中国水利水电科学研究院水利史研究室编校：《再续行水金鉴·永定河卷》，湖北人民出版社，2004年，第225页。

是与北岸同知、南岸同知并列的三大同知之一。但从经管堤防长度来看，乾隆时期南岸同知分管南岸堤工长一百五十四里，北岸同知分管堤工长一百五十五里四分，而石景山同知需要其负责的，东岸长二十三里九十六丈，西岸长十四里，可见实际清政府对西岸堤防重视程度有限，真正关心的是能够护卫京师的东岸堤防。在管理河道事务的同知中，石景山同知地位也更加重要，如道光年间，当时北运河河务官同知周衡因为"果勇干练，遇事实心，能耐劳苦"，直隶总督那彦成推荐调任石景山同知，并在奏疏中指出"将来可为永定河接续之人"。

为保证堤防工程质量，清政府还有一系列追责措施，如规定："工程单薄，料物尅减，钱粮不归实用，以致修筑不能坚固……照侵欺钱粮例治罪"，侵吞的银两，着落官员家产追赔①。新修工程即便通过验收，承修人员仍需保证一年之内不被冲决："倘限内冲决，照例着落承修官赔修。"为保证赔修制度能够落实，沿河汛员人选往往为家道殷实有能之人。以这种手段"则看工官员，自保家产，奋力功名，于河工大有裨益"②。以嘉庆六年（1801 年）永定河大水为例，嘉庆认为此次漫口"皆因下游高仰所致，历任各员因循玩误，不肯随时疏浚，以致下壅上溃，冲决石堤，咎无可辞"，着落各该管官员分别摊赔。因赔款数额巨大，规定自乾隆三十八年（1773 年）起至嘉庆六年（1801 年）六月止，20 余年间历任河道官员一体摊赔。

另外，清代还制定了关于河务的成套则例，对工程标准以及施工所用材料、土方、人工的价格都有详细的规定。可以说，这样一套致力于

---

① ［清］陈琮：《（乾隆）永定河志》卷一十二《奏议》，学苑出版社，2013 年，第 391 页。
② ［清］李逢亨：《（嘉庆）永定河志》卷一十五《奏议》，文海出版社，1969 年，第 294 页。

长治久安的制度性建设方案，是始于清朝而利于后世的，直到今天有些内容还在延续和借鉴中。

(四)与人民大会堂同期修建，石景山永定河畔中国首座"全自动"水电站

新中国成立后，随着官厅水库的修筑完成，永定河才真正实现了"永定"的期望。为了充分利用永定河水力资源，满足新中国快速发展的电力需求，20世纪50年代在永定河引水渠上建立了我国第一个远距离操纵水电站——模式口水电站(见图3-6)。

图 3-6　模式口水电站建成时外景(石景山区文化和旅游局提供)

模式口水电站位于石景山区模式口村东北山麓，永定河引水渠上。"一五"期间，为满足工农业和园林事业的发展，国家和北京市决定引永定河水，建永定河引水工程。官厅水库和三家店拦河闸建成，为永定河引水创造了条件，遂于1956年1月16日动工兴建引水工程，1957年2月竣工，4月正式通水。全部工程一年零三个月，引水渠全长25.7千米。

引水渠从门头沟三家店拦河闸，引永定河水东经老店入石景山区，过高井、马尾桥村，穿流模式口隧洞，在法海寺南麓蜿蜒流经中国第四纪冰川遗迹陈列馆之南，利用 30 米水头落差建模式口水电站。电站以下经琅山村、石河村，沿元代金口新河故道向东入南旱河，经玉渊潭、木樨地至西便门甘雨桥汇入故宫护城河。

模式口水电站布置形式为明渠引水道式水电站。平均水头 30.6 米，设计流量 23.6 立方米/秒。电站运转方式为遥控自动化操作。即由距电站约 3 千米处之石景山发电厂内设调度室，进行遥测及信号的远程监控，且以电站附近"在家值班"方式来管理。当水电站发生故障时，警告信号及事故信号同时发送至电站附近的值班员宿舍里和石景山发电厂的控制室内。水电站之主要设备为水轮发电机两台、主变压器一台、压力输水钢管两根、桥式起重机一台。1956 年 2 月 1 日开工，同年 10 月 1 日基本完工。

电站由引水渠、压力前池、进水闸、溢流堰、过水槽、陡槽、压力钢管、厂房、消力塘、尾水渠及变电站等各部分构成水力枢纽（见图 3-7）。引水渠自西面蜿蜒而来，水流通过压力前池，经过进水闸门，泄入压力钢管，直奔水轮机，带动涡轮后，经尾水管流入尾水渠，向东流去。当进水闸关闭时，水流溢过侧流堰，经过水槽，从陡槽上奔腾而下，随尾水渠流去。

当时水电站厂房位于输水钢管末端，为地上式。由于电站是遥控电站，故无副厂房。厂房结构为钢筋混凝土构架及砖墙结构，预制翻筋混

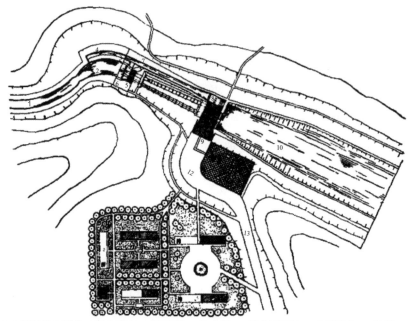

1.永定河引水渠道 2.压力前池 3.溢流堰 4.过水槽 5.进水闸门室 6.修理平台 7.陡槽
8.消力塘 9.厂房 10.尾水渠道 11.升压变电站 12.回车场 13.永久公路 14.办公室
15.食堂 16.眷属宿舍 17.单身宿舍 18.浴室及厕所 19.发展建筑场用地

图 3-7 模式口水电站总平面布局①

凝土屋架和屋面板。厂房尺寸长为 24.5 米，宽 11.5 米，高 22 米（其中
10 米为水下部分）。厂房内共分三层，上层为发电机层，中间为水轮机
层，下层为蜗管层。发电机层地面高程与公路面高程相等。

厂房的立面处理，考虑到电站距北京很近，是新型的自动化水电站，
参观人多，甚至国际友人也来参观，因此在立面处理上要求较高的艺术
性。厂房四立墙面均用乳黄色石面，檐下用土黄色缸砖贴面，上做白色

---

① 图片来源：沈昌：《模式口水电站》，《建筑学报》1957 年第 10 期，第 21—27 页。

花饰。白色混凝土窗框边，窗顶修白色花饰。窗台以下勒脚均为橙黄色石面，厂房大门喷乳黄色漆，上贴大赤金花纹，以取得和墙面色彩的和谐统一。渠道两旁做白色预制混凝土栏杆，以陪衬厂房的民族风格。整个厂房采用了黄和白两种色彩，在永定河青绿色背景的衬托下更显得突出。

模式口水电站是我国第一座自行设计、自行建设的遥远测量、自动控制的水电站，当时曾创下了全国自动化程度最高的纪录。电站全部设备皆为我国自己制造。年发电量为 4000 万千瓦时。如今，水电站变身为模式口水电站工业遗址公园，成为模式口文保区内唯一一处大型工业遗址。

二、水利遗产，历史见证

绵延千年的永定河治理过程中，石景山至卢沟桥段始终是其中的关键段落。从金元时期开始的引水济漕，到明清时期大石堤的修筑，石景山段永定河留下了丰富的水利工程遗产，如金口闸遗址、十八磴古堤、北惠济庙等。它们不仅是永定河河流环境变迁的产物，也是北京都城发展史的见证，承载着中国优秀传统治水智慧与技术经验。

(一)从金口开漕到防洪堵口：金口闸变迁与永定河利害之变

1986 年在石景山与四平山之间的石景山发电总厂厂区内，发掘出用三合土筑的拦水坝一条。该坝与永定河床平行，长约 300 米，高 2.4 米，上宽 0.5—1 米，底宽 2—2.5 米。中段设引水闸口，应该是《金史》所载的金口闸遗址。金口闸遗址，是金元时期永定河引水济漕的重要物质见证，也见证了永定河从一条富有漕运灌溉之利的"母亲河"变为华北，尤其北京水灾的主要威胁河流这一过程。

前文已述，辽金以前永定河水质清澈，曾有"清泉河"之名。这样一

177

条河流，又毗邻幽州这一北方军事重镇，自然也受到关注。魏晋以后不断开发水利，到了隋唐时期，漕运之利也开始受到关注。隋唐大运河北段的永济渠，现有研究也多认为，其到达幽州的河段相当一部分利用了永定河河道（见图3-8）。

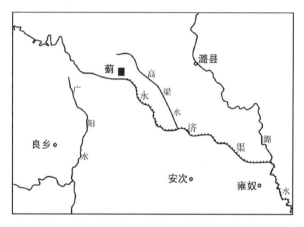

图 3-8 《北京历史地图集》中永济渠河道路线图（王洪波据原图改绘）

到了金代，以燕京为中都，政治中心转移至此，不但城市格局、宫殿、苑囿具备了都城的规模，为保证其物资供应的漕运事业也翻开了新的篇章。漕运从此成为经济命脉，扩大水源提高运河的运力也就成为北京地区水利开发的重中之重。从通州西至中都城约50里，每年漕运多达几百万石，开凿一条水量丰富的人工运河使漕粮直抵中都城里，始终是当时人的梦想，卢沟河（今永定河）则是引水济漕的首选。

《金史·河渠志》记载，世宗大定十年（1170年），召集朝臣会商导引卢沟河（即永定河）通漕方案，决计"自金口导至京城北入濠，而东至通州之北，入潞水"（见图3-9）。两年后施工的金口河，引水口在卢沟东岸的

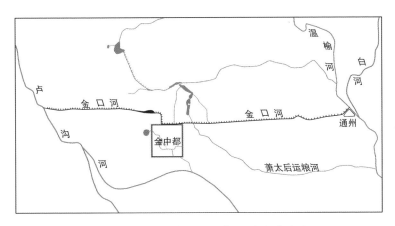

图 3-9　金代所开金口河示意图(吴文涛改绘)

麻峪村附近，金口闸在石景山北麓与四平山夹口的位置，现在石景山发电厂处。这个设计虽然可取，但卢沟水过于浑浊、水势湍急、无法行舟。如果多设闸则容易淤积渠道，影响行船；少设则不免冲刷河岸形成崩塌，这些在当时的历史条件下都是很难克服的问题，工程最终归于失败。

金口闸的修筑与废弃，是永定河生态变迁的一个重要标志。这说明，随着永定河流域生态环境的恶化，以灌溉漕运为主导的永定河水利开始逐步退出历史舞台，随之而来的，是绵亘千年的永定河防洪抗洪史。

(二)传统堤工杰作：十八磴古堤

十八磴古堤遗址位于古城街道庞村西永定河东岸堤，又名"庞村十八堰"，现为永定河大堤的组成部分。十八磴是由十八层厚 0.5 米、长 0.6—2.5 米不等的花岗岩条石垒砌而成。从河底向上，每层条石均向堤外错出 0.05—0.1 米，形成不均匀阶梯状。现存全长约 350 米，在每层花岗岩条石间，均用江米汁灌缝，银锭扣锁连接。由于历年泥沙的覆盖，十八层条石现只露七八磴。

十八磴古堤是自金代以来永定河筑堤成就的结晶，农业文明时代水利工程的杰作。"石景山堤工当永定之上游，作京师之保障，所关最为紧要。"①石景山雄峙在古老永定河的出山口上，承受着雷霆万钧的洪水冲击。永定河东距紫禁城20千米，地势高差约30米，偶一不慎，就会对京城安全构成严重威胁。所以历史上对永定河的治理都从石景山段起步，从金元到明清，永定河逐步形成了绵延数百里的堤防工程，而以东岸的石景山段堤防最为坚固。

石景山附近堤防的产生，与北京建都史几乎同步。金天德五年（1153年），海陵王下诏迁都，奠定了北京都城地位，防洪和漕运引水使石景山段堤防开始起步。大定十二年（1172年），在石景山北开通金口河，从麻峪引水通中都漕运。随着卢沟水神的诏封和"广利"桥（今卢沟桥）的修建，金明昌三年（1192年），因护桥需要，其东岸也形成部分石堤。金口堵塞后，永定河多次在卢沟桥以上决口，石景山段的堤防工程就越来越多。元代除多次利用和加固金口段堤防外，还修筑其他堤防，仅延祐三年（1316年）就计划"自石径山（今石景山）金口，下至武清县界旧堤，长计三百四十八里，中间因旧修筑者大小四十七处……计工三十八万一百，役军夫三万五千……兴工以修其要处。"石景山段自然属于"要处"的范畴。

明代石景山一带堤防工程比元代在规模上更加扩大。据大学士杨荣在正统三年（1438年）的《固安堤记》一文，可知自永乐时期开始永定河就"屡常修筑，辄复倾圮"，任命官员管理堤坝的修建和护理，设置了专门的守护人员。嘉靖年间对永定河的一次大修，给我们留下了石景山段堤

---

① ［清］陈琮：《（乾隆）永定河志》卷一十二《奏议》，学苑出版社，2013年，第392页。

防的尺寸、用料和坚固程度。《敕修卢沟河堤记》记载："经始于嘉靖壬戌秋九月，报成于癸亥夏四月，凡为堤延袤一千二百丈，高一丈有奇，广倍之。崇基密楗，累石重甃，鳞鳞比比，翼如屹如，较昔所修筑坚固什百矣。"至清代修筑永定河大堤时，很大程度上仍继承了这一段堤防，"自衙门口村至兴隆庙止大石片石堤，长五百二丈五尺，内明旧堤三百七十九丈五尺余……自兴隆庙至卢沟桥大石片石堤长四百三丈，内明旧堤三百五十三丈"①。

清代定都北京后，始终把石景山段堤防作为永定河治理的重中之重。顺治九年（1652 年）"修石景山以南至卢沟桥决口堤岸"。康熙年间，石景山段堤防的修筑由工部直接负责管理，每年派专人要员驻防，督促监理，"石土两工，栉比鳞次，无少空隙"。康熙三十七年（1698 年），皇帝亲自视察了石景山至卢沟桥段堤防，"亲授疏导之方"，并加固修筑卢沟桥上游左堤，要求修筑质量"务须坚而又坚"。堤防以花岗岩豆渣石加工成条石砌筑，并用腰铁相连。堤高三丈，长十余里，弯曲而下，以杀水势。

雍正七年（1729 年）冬，在石景山下修河神庙北惠济庙。雍正八年（1730 年）石景山段堤防改归永定河道管理，接受怡亲王建议"查石景山堤工，当永定之上游，作京师之保障所关，最为紧要……"设石景山同知，常驻卢沟桥汛署。雍正九年（1731 年）按千字文编排工号时，石景山段堤防被编为天字三十九号，并修"水志"一处。乾隆二年（1737 年），修筑石景山南北堤工用银 37943 两。十五年（1750 年），皇帝亲自视察永定河堤工。乾隆二十八年（1763 年），开始分东西两岸编号，东岸长二十三里五

① ［清］周家楣：《（光绪）顺天府志》卷四十四《河渠志》，光绪十二年（1886 年）刻本。

分，编为二十四号。乾隆四十九年（1784年），工部为查核堤工方便，采纳了永定河道陈琼的建议，规定：每一百八十丈为一里（合576米），约每一里为一工号。石景山段东岸堤防从南金沟起至北岸上头工交界（卢沟桥附近），长二十三里九十六丈，编为二十四号。经过逐年加固维修，"石工数倍于前，固若坚城，历久无患"。清嘉庆六年（1801年）的汛期，左堤决口150余丈，石景山左堤坍塌多处，洪水东注，京城危殆。皇帝立即拨银100多万两，加固永定河石卢段堤坝，并完善河汛的指挥系统，四防二守一报，备工备料，不厌其烦其巨。清光绪年间，永定河石卢段筑堤工程不断，用银费用甚巨，保障了堤坝工程质量。

与永定河其他段落相比，石景山至卢沟桥段大堤，具有以下三处鲜明特点：

首先，修建历史悠久，相沿不断。《永定河志》载："自石景山麓至卢沟桥南，金元及明建有土石堤工，为京城障卫。"金代在卢沟桥建南惠济庙，清代在石景山下建北惠济庙，虽为祭祀河神，实际也表达了统治者对这一河段的重视程度。

其次，级别最高，兴工最多。石景山至卢沟桥段堤坝往往由中央派重臣监督修筑，几乎没有民间工程。元代延祐三年（1316年）就计划"自石径山（今石景山）金口，下至武清县界旧堤……计工三十八万一百，役军夫三万五千"。明代弘治二年（1489年）决杨木厂堤，命新宁伯谭祐等督官军2万人筑之。明代嘉靖四十年（1561年）修石景山至卢沟桥左堤，"皇上发帑银三万五千两有余"。清乾隆二年（1737年）八月竣工的石景山南北堤工用银37943两。此后工程耗费越来越大。

最后，修建质量最高，最为坚固。据清代嘉庆年间的《永定河志》统

计，石卢段堤坝 4093.6 丈，其中有大石堤 901.5 丈（合今 2884.8 米），片
石堤 457.2 丈，石子堤 588.5 丈，护石土堤 1936.5 丈，土堤 210 丈。可
以看出，石卢段堤坝基本上都是结构坚固、抗冲刷力强的石堤，只有少
量土堤，也用大石包砌，没有沙堤，而卢沟桥以下多为沙土堤，质量明
显降低。在结构上是"崇基密榫，累石重甃"，增强了堤坝的整体稳定性。

图 3-10　石景山附近清代永定河大堤遗址（刘德泉摄）

（三）天人合一的信仰寄托：北惠济庙

　　在永定河沿线一系列河神庙中，北惠济庙宏伟壮观，御制诗文众多，
堪称永定河沿岸河神庙之首。中国古代先民十分重视祭神，到了清代，
"国家怀柔百神，岳渎海镇而外，名山大川之祭，视历代为加隆"。其中
河神是山川崇祀的重要部分。清代统治者重视河神祭祀，并在沿袭前代
的基础上逐渐增加。永定河神的祭祀便是其中之一。

金代已经开始对永定河进行敕封。金大定十九年（1179 年），金世宗封永定河为"安平侯"；100 年后，元世祖忽必烈又封为"显应洪济公"。永定河神始封于康熙三十七年（1698 年），也是清圣祖敕令修建永定河堤之始，他在永定河修浚完毕后感慨道："自今蓄泄交资，高卑并序，民居安集，亦克有秋。夫岂惟人力是为，抑亦神庥是赖。宜永有秩于兹土，以福吾民。用是赐河名曰永定，封为河神。"他认为永定河的安定并非在于人力，而是神的庇佑，因此在赐名"永定河"的同时，将其封为河神，这在继任者世宗看来，永定河"河神之封，实自此始"。

清世宗也相信神灵对于永定河的庇佑。雍正初年，雍正帝派怡亲王允祥及大学士朱轼治理畿辅河道，进行水利营田。几年后，成效大著。雍正皇帝认为，这些成绩的取得，要归功于永定河神的保佑。于是命怡亲王在京西寻址，兴建永定河神庙，报答河神。怡亲王允祥"躬往营度，得地庞村之西"，发现这里"长河西绕而南萦，峰岭北纡而左鹜"，"控制形胜，负山临流"。怡亲王允祥亲自督率，营建河神庙，庙成之后，雍正帝赐名"惠济"，这就是北惠济庙的由来。

雍正在《御制北惠济庙碑文》中说："比年以来，永定河安流顺轨，无冲荡之虞，民居乐业，岁获有秋，岂惟人事之克修，实赖神功之赞佑。念石景山据河上游，捍御宜亟，爰命相择善地，作新庙以妥神。……并增建杰阁，翼如焕如，称朕敬神惠民之意。爰赐庙名曰'惠济'。"他认为，石景山惠济庙的兴建可以达到"敬神惠民"的目的。

北惠济庙原占地百亩，坐北朝南，三进院落南有戏台。山门前有石狮一对，山门三间，门额"敕建北惠济庙"为雍正御笔。进山门为一进院，院内有雍正御碑亭，御碑亭嵌汉白玉额上镌"谟肇恬波"四字，为乾隆御笔。御碑阳刊雍正《御制北惠济庙碑文》：

　　永定河，古所称桑干河，出太原，经马邑，合雁、云诸水，奔
注畿南。发源既高，汇流甚众，厥性激湍，数徙善溃。康熙三十七
年，我皇考圣祖仁皇帝亲临指授疏导之方。新河既濬，遂庆安澜，
爰锡嘉名，永昭底定。立庙卢沟桥北，题额建碑，奎文炳耀，河神
之封，实自此始。朕缵绍鸿基，加意河务，设官发帑，深筹疏筑之
宜。比年以来，永定河安流顺轨，无冲荡之虞，民居乐业，岁获有
秋。岂惟人事之克修，实赖神功之赞佑。念石景山据河上游，捍御
宜亟，爰命相择善地，作新庙以妥神。朕弟和硕怡贤亲王躬往营度，
得地庞村之西，鼎建斯庙。长河西绕而南萦，峰岭北纡而左鹜，控
制形胜，负山临流，殿宇崇严，规制宏敞。护以佛阁，界以缭垣。
经始于雍正七年冬，役竣，复以卢沟神庙，皇考圣迹所在，载加崇
饰，丹臒维新，并增建杰阁，翼如焕如，称朕敬神惠民之意。爰赐
庙名曰"惠济"，勒文贞珉，以纪其事。《诗》称："怀柔百神，及河乔
岳。"河之有神，备载祀典。况永定为畿辅之名川，灵应凤著，田畴
庐舍，绣错郊圻。其得安耕凿而乐盈宁者，胥仰荷皇考方略之昭垂，
而明神显灵，默相孚佑，蒸黎邀福孔多，宜加崇敬。今兹数十里内
庙貌相望，虔修秩祀，尚其妥侑歆飨，俾斯民康阜乂安，以弘我国
家无疆之庆。岂惟朕承兹惠贶，我皇考平成之骏烈，实嘉赖焉。

碑阴为乾隆十八年（1753年），皇帝第一次来到北惠济祠祭祀永定河
神，作《石景山初礼惠济祠》一诗：

崇祠依石堰，像设谒金堂。

云壁瞻初度，曦轮届小阳。

河防慎有自，神佑赖无疆。

疏凿非经禹，惟廑永定方。

碑亭东西有钟鼓二楼。碑亭以北正殿称前殿，为龙王殿，供奉永定河神。殿内悬匾额"安流泽润"，为雍正御笔；殿前匾额"畿辅安澜"，为乾隆御笔。前殿东西有角门通二进院，正殿称后殿，为真武殿，供奉真武大帝。东西配殿各三间，后殿东西有小门通三进院，院内有乾隆御碑亭，碑阳刊乾隆十五年（1750 年）御制诗，碑阴勒乾隆二十年（1755 年）御制诗。乾隆御碑亭以北为藏经楼，面阔七间，上下两层，上层供奉观音菩萨，下层藏经，藏经楼东西有转角殿。三进院以东为东跨院，有斋堂、僧舍、库房数间，系寺僧居住之所。东跨院以东、以北为后花园。北惠济庙原围绕有高大墙垣，显示出敕建庙宇的气派。

1952 年，石景山钢铁厂在北惠济庙以北建制氧厂。1958 年文物普查时，北惠济庙殿堂基本完整，为"石钢二十六宿舍"，但山门、围墙、乾隆御碑亭已无存（乾隆御制碑今藏北京石刻博物馆）。1975 年，首都钢铁公司制氧厂扩建，将北惠济庙拆除，现仅存雍正御碑亭一座（见图 3-11）、古柏一株。雍正御制碑亭中的碑刻有雍正十年（1732 年）碑文，叙述永定河的发源、水情、治水及敕建北惠济庙的经过情况，碑阴为乾隆皇帝颂扬治河功绩而作的五言律诗。御制碑面南而立，螭首龟趺，汉白玉石制，通高 4.35 米，碑身四周雕龙。碑亭为方形，边长 5.2 米，砖石结构，每面各有一拱形券门，大式硬山顶。1995 年，首钢公司重修御碑亭，碑刻保存完好。

186

图 3-11　北惠济庙雍正御制碑①

乾隆二十一年（1756 年），皇帝再次来到北惠济庙，依《石景山初礼惠济祠》的韵脚作《石景山礼惠济祠叠癸酉旧作韵》，诗如下：

寺碑建雍正，皇考辟神堂。

清晏资垂佑，实枚俪向阳。

---

① 雍正御碑亭，坐北朝南，御碑亭为方形，边长 5.2 米，砖石结构，大式硬山顶。御制碑汉白玉制，螭首龟趺，御制碑保存完好。2021 年 8 月，北惠济庙雍正御制碑及碑亭被列入第九批北京市文物保护单位。

187

不衍秩宗祀，恒奠冀州疆。

蒿目一劳计，难言永逸方。

实际上，清代在永定河带上修建了大量的河神庙，以祈求神佑。《永定河志》记载的河神庙有 20 余座之多，但像北惠济庙这样殿宇崇严，规制宏敞的极为罕见（见表 3-2）。北惠济庙发挥着众多河神庙的龙头作用。

表 3-2　清中前期永定河下游沿岸祭祀一览表

序号	庙名	庙址	建造时间	修葺时间
1	兴隆庙	石景山东岸十七号	明正统三年	正德元年 雍正九年 乾隆四十年
2	玉皇庙	石景山二十七号堤西	康熙三十二年	乾隆二十六年 乾隆三十六年 乾隆三十七年
3	南惠济庙	石景山东岸二十号堤	康熙三十七年	雍正十年 乾隆三十九年
4	石景山北惠济庙	石景山东岸四号庞村	雍正十年	乾隆三年
5	固安县城西惠济庙	固安城西	明万历年间	雍正十一年
6	北岸三工惠济庙	十五号堤	乾隆九年	乾隆二十七年 乾隆四十年
7	北岸下头工惠济庙	二十五号堤	乾隆十二年	
8	南岸四工惠济庙	五号堤	乾隆十五年	乾隆三十一年 乾隆四十二年
9	北堤七工惠济庙	孙家坨北埝堤	乾隆二十年	乾隆三十五年 移建北埝上汛 工头
10	南岸六工惠济庙	十一号西双营村	乾隆三十年重修	

续表

序号	庙名	庙址	建造时间	修葺时间
11	南岸头工惠济庙	二十四号堤上	乾隆三十六年	
12	北岸二工惠济庙	七号堤	乾隆三十七年	
13	河神庙	北堤七工遥埝十五号南	乾隆三十八年	
14	南岸二工惠济庙	十四号金门闸南坝台	乾隆四十七年	
15	南岸三工惠济庙	长安城村北	乾隆四十五年	
16	北岸五工惠济庙	十号堤	乾隆四十六年	
17	南岸五工惠济庙	一在十四号曹家务西，一在二十五号堤上	不详	乾隆四十九年，移三十五号庙建于十五号堤

资料来源：陈琮撰：《（乾隆）永定河志》，学苑出版社，2013 年。

（四）治水见证庞村铁牛

石景山区西南部庞村，曾有一头坐落在 2 米高砖石台基上的镇水铁牛，可能是康熙年间始铸。根据乾隆年间《永定河志》记载，在石景山第四号石堤与第五号石堤之间，有"铁牛一具，康熙戊午年工部差送安置。牛高二尺，身长六尺"。这里也提到，铁牛铸造时间是在康熙戊午年，即康熙十七年（1678 年）。庞村铁牛坐南朝北，遥望永定河。传说铁牛体内设机关，洪水暴涨铁牛即发出吼声，向村民报警。

为什么铁牛可以镇水呢？古人认为，造成水患的源头——蛟龙畏惧"铁"这一类金属。依我国古代五方五色之说，东方木，色青；南方火，色红；西方金，色白；北方水，色黑；中央土，色黄。二十八星宿分四象，东青龙、西白虎、南朱雀、北玄武。以此推算，龙带有木性。而依据五行相生相克理论，金生水，水生木，木生火，火生土，土生金。金克木，木克土，土克水，水克火，火克金。因此，带有木性之龙，畏惧克其之金。同时，金生水，掌管雨水之龙，同样忌惮金。明代李时珍《本草纲目》就记载："龙性粗猛……畏铁……镇水患者用铁。"

同样，牛也是能克水的。《周易》说卦篇认为，"坤为牛"，"坤为地"，"其于地也为黑"。意思是，坤卦是纯阴卦，象地，万物滋生于地。牛和地，都带有坤卦的属性，象征着厚实、无私，滋养万物。而水来土掩，土能克水，牛庞大、厚实的身躯，巨大的力气，也能够对洪水猛兽形成克制。

正是因为龙畏铁，牛克水，所以在中华大地大江大河的关键位置曾经遍布镇水铁（铜）牛。庞村永定河畔的镇水铁牛，可以说是中华先民在长期治水实践中的产物，是研究中华传统治水文化的重要物质载体，是传统治水文化的重要组成部分。

图 3-12　庞村铁牛民国时期旧照（石景山区文化和旅游局提供）

三、人物传说，青史留痕

作为永定河治理的关键段落，石景山段永定河历来受到特别关注。既留下了万历、康熙等封建帝王的足迹，也见证了左宗棠、冯玉祥等历史风云人物在治理永定河过程中付出的不懈努力。这些历史人物的活动，赋予了永定河深厚的文化意义，使其由一条自然河流转变为具有人文意义的河流。

(一)万历帝、康熙帝与石景山永定河

万历十六年(1588年)九月丁卯，万历皇帝驾幸石景山临观浑河(永定河)，大学士申时行等随侍。在永定河畔，申时行等大臣向万历皇帝陈述了永定河水患情形。由于永定河自元代以来已经有"小黄河"之称，申时行等又趁机将话题引到了黄河治理上，指出黄河与永定河特点都是"当其壅淤，则数丈之渠一夕而成平地；及其溃决，则数千里之堤一瞬而成洪流，湍激汹涌"，河道治理"功力巨而责任难"，选贤任能显得尤为重要，从事河渠治理的官员必须"惕然有夙夜奉公之心"。

面对滔滔永定河水，万历皇帝也感叹："朕闻黄河冲决，为患不常，欲观浑河以知水势。昨见河流汹涌，应知黄河经理倍宜加慎。"下令吏工二部行文知会河道官员，务必一劳永逸，"勿以劳民伤财为故事"。①

清代康熙皇帝也曾登临石景山，眺望永定河，还留下了多篇御制诗。康熙十七年(1678年)五月，康熙皇帝从海淀碧云寺、万安山法海寺一路西行南下，登翠微山后，又直奔石景山而来。五月十六日、十七日在石景山上小住两日。期间诗兴大发，一连写了《石景山东望》《驻跸石景山》

---

① 《大明神宗显皇帝实录》卷二百三，万历十六年九月丁卯。

《石景山望浑河》三首诗抒情言志。

石景山东望

车书混一业无穷，井邑山川今古同。

地镇崚嶒标异秀，凤城遥在白云中。

驻跸石景山

驻跸荒亭日欲斜，潺湲石溜滴云霞。

鸾旗飘动连香草，龙骑骖驔映野花。

岩洞幽深无鸟迹，峰崖高处有人家。

青山绿水谁能识，怀古登临玩物华。

石景山望浑河

石景遥连汉，浑河似带流。

沧波日滚滚，浩淼接皇州。

《石景山望浑河》一诗首句写石景山之高，高可与九霄相连；次句写浑河(今永定河)蜿蜒如带。后两句以浓重的笔墨描绘浑河波涛滚滚，日夜奔腾，浩浩荡荡，直向京畿大地。在亲临永定河，见识了永定河浩瀚水势之后，康熙帝真正认识到永定河水患对京畿地区的巨大威胁，因此后来其大规模地治理永定河。

(二)谭祐永定河筑堤与新宁伯家族墓

广宁村俗称西坟。西坟是相对于东坟而言，那么，东坟是谁的坟墓呢？1986年，首钢在四平山施工时，出土了新宁伯谭祐墓志铭，这时人们才知道，所谓东坟，原来是指明代的新宁伯家族墓。

在明代近三百年历史中，新宁伯谭氏家族书写了浓墨重彩的一笔。第一代新宁伯为谭忠，其父是"靖难之役"中的著名将领谭渊。谭忠去世后，葬于石经山（今四平山）。其子谭璟于宣德十年（1435 年）袭新宁伯，为第二代新宁伯，镇守镇江。正统十四年（1449 年）谭璟卒，其子谭裕袭爵，为第三代新宁伯。景泰三年（1452 年）三月，谭裕卒。谭裕无子，其弟谭祐于天顺元年（1457 年）六月袭爵。

据《新宁伯谥庄僖谭公墓志铭》记载："生于正统十一年二月九日，卒于嘉靖四年九月十二日，谥庄僖"，同年"十二月初六日葬宛平县石经山"。同时出土的还有谭祐夫人柳氏的墓。柳氏墓志铭亦称：柳氏卒后，葬于"宛平县石经山祖茔"。两块墓志铭，在明万历年间成书的《宛署杂记》中可以得到印证：谭忠及其子谭璟，均葬"石经山"。柳氏墓志铭所记"祖茔"，当指谭忠、谭璟之墓。

新宁伯家族不仅葬于石景山，谭祐在弘治年间还直接参与了石景山至卢沟桥段永定河大堤的修筑。根据《新宁伯谥庄僖谭公墓志铭》记载，"弘治己酉，命提督十二团营仍兼督神机营。是年芦沟河涨坏堤。统军夫二万人兴工修筑，其劳勋具于御制之碑"。《明史》也记载弘治二年（1489 年），浑河决杨木厂（今属石景山）堤，"命新宁伯谭祐、侍郎陈政、内官李兴等督官军二万人筑之"。杨木厂在今石景山西，今名养马场，正是在永定河畔。这一区域自金代以来一直是堤防修筑的重点地区，明代修筑的大堤"崇基密楗，累石重甃，鳞鳞比比，翼如屹如"，一直沿用至清代："自衙门口村起至兴隆庙止，大石片石堤共长五百二丈五尺，内前明旧堤三百七十九丈五尺；自兴隆庙起至卢沟桥止，大石片石堤共长四百三丈，宽一丈高一丈八尺，内前明旧堤三百五十三丈；自卢沟桥西雁翅起，过

桥东至四里坡南止，大石片石堤共长一千一百八十三丈，前明修筑"。

(三)清官一脉两"于公"

乾隆二年(1737年)农历六月二十九日，永定河再次决口，形成严重水灾，"冲刷石景山土堤一处，漫溢南岸十八处，北岸二十二处"，宛平、良乡、涿州、固安、永清、东安、武清等县低田禾苗、附近庐舍，多被淹损冲塌。在追溯此次水灾原因的时候，有大臣提出是因为"康熙三十七年，直隶巡抚于成龙以浑河冲半壁店，近其祖墓，奏改河道，迤东入淀"。意思是当年直隶巡抚于成龙因为浑河(永定河)离他家祖坟太近了，因此上奏将永定河改道向东注入东淀，违背自然规律，所以才有了后面永定河连年不断的大水。直隶巡抚于成龙是何人，他家祖墓究竟在什么位置，事实果真如此吗？

清康熙年间官场上，有一个很有意思的现象：出了两个叫于成龙的著名人物。他们曾一起共事，均官至一品总督，且都清正廉洁、勤政爱民。中国历史上同名同姓的人很多，而不仅同名同姓，还同是名人，同朝为官，又同是一代廉吏，都任过直隶巡抚的，在历史上只有这二人。《清史稿》记载："同时两于成龙，先后汲引，并以清操特邀帝眷，时论称之。"有人称两位于成龙为前于成龙和后于成龙，直隶坊间有民谣称颂："前于后于，百姓安居。"前于成龙，被康熙称为"清官第一"，随着电视连续剧《一代廉吏于成龙》和京剧、晋剧《廉吏于成龙》的播放，名气较大。不过前于成龙是山西人，祖墓在山西，跟永定河下游关系不大。而后于成龙祖墓，正在今永定河畔石景山杨庄附近，确实与永定河近在咫尺。

于成龙的父亲于得水是镶红旗汉军都统，爵位是三等阿达哈哈番，阿达哈哈番是满文轻车都尉的意思，是清代的勋官官品，清代在公侯伯

图 3-13　原杨庄村西于成龙墓地旧貌（石景山区文化和旅游局提供）

子男之下再加四级，作一、二、三等轻车都尉，其下还有骑都尉、云骑尉、恩骑尉，于成龙爵位是他喇布勒哈番，是满语骑都尉的意思，在轻车都尉之下。于得水卒于康熙三十四年（1695 年），葬在石景山区的杨庄，鉴于"祖居中，左昭右穆"的成法，所以于成龙死后随父而葬，葬在"西山杨家庄西"，也就是今天的杨庄路口南。

　　于氏墓地占地有 30 余亩，原来的规模很大，葬有于得水、于成龙父子以及于成龙的妻妾。墓园坐北朝南，依次是一对华表、神道，却没有安置石像生，按于成龙官位，本应配享"公至二品，用石人，望柱及虎、羊、马各二"的规格。于得水墓在西，于成龙墓在东。墓园中共有 9 座石碑，从 1966 年以前拍摄的老照片看，9 座石碑均为龟趺，正中是螭首龟趺的神道碑，碑高 3 米，碑阳楷书："皇清诏封光禄大夫兵部尚书兼都察院右都御史总督河道提督军务拜他喇布勒哈番加十级，谥襄勤，于公振甲之神道，康熙三十九年孟冬月吉日立。"其他还有 4 座诏封碑，有"于得水妻王氏继室宛氏诏封碑""于成龙妻李氏继妻周氏诏封碑""于成龙妻李氏周氏诏封碑""于得水妻王氏宛氏诏封碑"。3座谕祭碑，有"于得水谕祭碑""于成龙谕祭碑""于成龙谕祭碑"。1座墓碑，即"于成龙墓碑"（见图 3-14）。地面碑碣林立，古树参天，蔚为壮观。

图 3-14　于成龙墓碑①

　　乾隆年间大臣说，于成龙因为父亲墓地在永定河边，所以才"奏改河道，迤东入淀"，这是怎么回事呢？

　　早在康熙二十年（1681 年），康熙皇帝已经有治理浑河（永定河）的想法，为大规模治理永定河做前期准备，曾多次巡视浑河（永定河）。随着

---

　　①　图片来源：中共石景山区委宣传部等联合编辑：《北京市石景山区历代碑志选》，同心出版社，2003 年，第 15 页。

　　于成龙墓碑，清康熙三十九年（1700 年）十二月十日刻。210×78＋31×27（厘米）。原碑在石景山区杨庄。现已无存。

边疆局势的稳定，京畿地区永定河治理再次被提上日程。康熙三十七年
（1698 年）浑河在下游决口，康熙帝亲临阅视，更坚定了根治永定河的决
心，命有黄河治理经验的于成龙以总督兵部尚书兼右都御史职务管直隶
巡抚事，对永定河进行大规模治理。

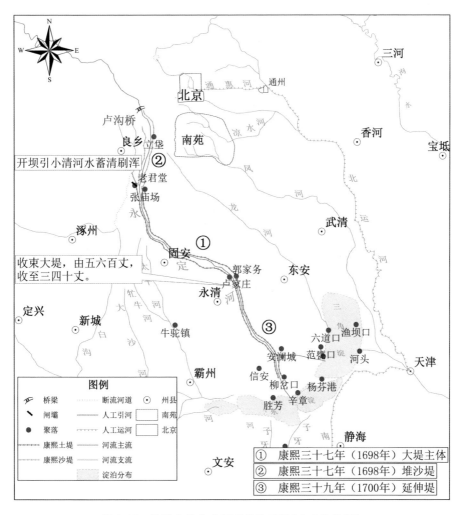

图 3-15　康熙年间永定河下游治理图（王洪波绘制）

此次河道治理工程主要有三部分，一是疏浚河道，即"挑河"，自良乡老君堂至安澜城河，共疏浚河道长一百四十五里。二是筑南北大堤，大堤又分为两部分，一部分为土堤，北岸自张庙场（今张客村附近）至永清卢家庄，长一百零二里余；南岸自老君堂旧河口至永清郭家务（今永清郭家府村），长八十二里余。另一部分为沙堤，北岸自卢沟桥南石堤至立垡村，长二十二里，立垡村以下地势较高，故三十七年时未筑堤，后于康熙四十年（1701年）接筑连大堤；南岸自高店村（今高佃村）至老君堂接连土坝，长三十五里。三是在旧河口建竹络坝，使小清河水与永定河并流东注。这些工程的开展，结束了浑河迁徙无常的历史状态。于成龙上疏康熙帝"乞赐河名，并敕建河神庙"，皇帝下旨"照该抚所请，赐名永定河，建庙立碑"，永定河之名由此而来。

至于乾隆年间大臣认为于成龙因永定河"近其祖墓，奏改河道"的说法，完全是欲加之罪。从历史文献记载来看，于成龙是永定河治理的具体执行官员。康熙皇帝才是治理方略的制定者。在永定河治理之初，康熙原计划就固安以西浑河原主流筑堤："朕意浑河清河俱汇流霸州城南，原欲沿河修筑堤岸。"康熙三十七年（1698年）巡幸五台山归途中再次经由霸州视察浑河，"询地方百姓，俱云浑河原经固安县，后因迁徙，汇合清河，流至霸州。二河水势浩大，以致泛滥为灾。"浑河水患的原因在于"保定府南之河水与浑河之水汇流于一处，势不能容"。康熙于是"遂更初见，一从民言，于固安县开河，事乃有成"。

在永定河治理后，黄淮又泛滥，酿成大灾，朝中无人能治，康熙帝急派于成龙前往勘验，整理河务，终因河务繁忙，于成龙劳累成疾，病倒了。康熙命御医为他诊治，稍好，他又重返淮上。不久，再次病重，从此不起，他在病榻上还念念不忘两河工程，把儿子永裕叫到病榻前说："病入膏肓，非药饵可愈，两河重大，势难卧理急缮疏，请告求至尊别简贤能大臣，勿误国事，以重予罪。"他一生治河成绩卓著，始终不忘河患未除，临死前对永裕说："吾受上恩深重，今惟三事抱憾，河工未成，一也；汝祖母年八十，侍养不终，二也；祖墓未筑，三也。余无可言。"不久他就病逝了。纵观于成龙的一生，可谓鞠躬尽瘁，死而后已，足成为后世人之楷模。康熙三十九年（1700年）三月皇帝颁旨："于成龙才品优长，服官勤慎，屡经简任，实心办事，不辞劳瘁，宣力有年，历著成效。"赐谥"襄勤"，这是康熙帝对于成龙一生的最终总结。

（四）左宗棠、冯玉祥与石景山永定河

左宗棠是清朝后期赫赫有名的封疆大吏、近代史上的风云人物。他的爱国思想和行动主要体现于：在外交方面，能站在民族立场、敢于同外国入侵者坚决斗争，维护了国家民族利益；在内政方面，他能从国计民生出发，重视开发农田水利、发展社会生产，在永定河治理方面也做出了杰出贡献。

光绪年间，左宗棠到京后，立即上奏清廷，详陈治理直隶水利的必要。他说："臣前由井陉、获鹿过正定、定州、保定，入顺天府……其附近高地则沙尘没辙……俨若隔世。不得水之利，徒受水害。窃虑及今不治，则旱涝相寻，民生日蹙，其患将有不可胜言者。"在左宗棠的苦谏下，清廷答应办理京畿水利。在治理方法上，左宗棠提出："治水之要，须源流并治。下游宜令深广，以资吐纳；上游宜多开沟洫，以利灌溉。"

面对"头绪至繁"直隶顺天水利，左宗棠认为，"要处总在桑干、滹沱"，主张"先从涿州桑干开淀起手"，即从怀来县境顺桑干河疏浚至涿

州。1881 年 5 月，左调旧部将王德榜、王诗正率各营至涿州永济桥，左营勇夫共两千数百人，"先后行抵涿州列帐开工"，分段疏浚桑干河。1881 年夏，桑干河工程刚完工，左宗棠又令诗正督办永定河下游，令德榜修治永定河卢沟桥以上河段。

王德榜(? —1893 年)，字朗青，湖南江华人。清咸丰初年太平天国运动中，王德榜与其兄王吉昌"毁家起乡兵"，后升为福建按察使。光绪七年(1881 年)调入京师，教练火器营、健锐营。同年五月二十一日，他奉左宗棠命率恪靖左营修永定河堤。他率恪靖左营由卢沟桥溯源而上，历石景山、三家店入山勘察，傍岩沿流而上，"勘得峡中应修建石坝者共有五处"，决定在下苇店、丁家滩、车子崖、水峪嘴、琉璃村山口五处修堤，总长三四千米。计划就地伐石砌坝凿渠。王德榜经考察后，他先用火药炸开山石，大石用于垒堤，小石烧成石灰，用于砌筑堤坝。将火药用于施工，王德榜为先驱。"各坝随山逶迤，长可一千数百丈"。此计划经左宗棠"核无异"，便饬令"移营开工"，并于涿州、房山选募石匠 200 余名助役。

当时，王德榜指挥部就设在麻峪村。次年，在麻峪村砌迎水坝两条，一条长十九丈五尺，面宽两丈，底宽三丈，高两丈；一条长十五丈，面宽、底宽及高与第一条相同。在三家店修水闸一座，从城子到卧龙岗修城龙灌渠，引水灌溉田地约 1 万亩；还对永定河左岸三家店到卢沟桥河堤加以维护。修渠四里，可引三家店渠水灌溉农田，并修支渠一条，长一里许。

王德榜驻于麻峪村时与村中主事人相识，结为异姓兄弟，见行人涉水过河艰难，决定在村西永定河上建桥，定名"善桥"，组成"麻峪善桥会"，筹集建桥资金。桥成之后便利了两岸之间行人往来和交通运输，通过麻峪善桥从西山向城内运输煤炭、石灰的马车、驼队络绎不绝，为麻峪村带来了商业、运输业的繁荣，也使村民得到了实惠。

冯玉祥(见图3-16)修治永定河是在1923年至1924年这两年间。当时北洋政府任命冯玉祥为陆军检阅使。当冯部移驻北京南苑不久，地方官绅就为永定河修治事宜找上门来。1923年5月16日，冯军第八混成旅旅长李鸣钟与永定河河工局官员张伯才等人接谈。张伯才等人开门见山，指出永定河石景山下游之衙门石堤，年久失修，破损已极，如不从速修复，只恐河水涨发，京畿安全难保，请求军队大力协助。李鸣钟旅长当即表示：保国卫民，本属军人天职。只要有裨国家，有益人民，无不唯力是视。

冯玉祥在听了李旅长转述张伯才等人的求助情词后，提到："提起这条永定河，还真跟我有些关系。早昔先父在淮军供职，就曾在此挖过河道。刻下本军又驻扎此地，故疏浚此河刻不容缓。此举一则可为百姓消除隐患，二则也是承继先父遗志。既属善举，也是乐事。"于是命令李旅长于次日率团长石敬亭、营长张自忠和张凌云等，前往河堤现场察看。众人到衙门口一带视察后，才知道这里的北河堤早在去年已被冲毁数百米，而此处地势竟比西直门还高三四米，河床上淤积了大量沙石。倘若此口一决，京畿一带数百万人民生命财产面临巨大劫难，于是决定一面修复河堤，一面疏浚河身，通顺水势。

为了鼓舞士气，第二天，冯玉祥集合部队讲话，动情地说："我们当军人的，举凡衣、食、住、行、用，都是老百姓供给的，没有一样不是民膏民脂。我们既然受了老百姓这么大的恩惠、照顾，清夜扪心自思：

图 3-16 冯玉祥像

老百姓对我们有何要求呢？不外乎以下两项：一是要我们抵御外侮，二是要我们平定内乱。换句话说，就是要我们保国卫民。所以只要是危害我们的国家和人民的，不论他是外国人还是本国人，也不论它是猛兽还是洪水，我们都要去拼命地铲除干净，才算尽了我们的本分。……眼下，京西有条永定河，当那洪水一到，人民的庄稼房屋，无一不变为丘墟，百姓的老少生命、鸡犬牲畜，无不化为鱼鳖。茫茫数百里田土桑麻，全都淹成一片泽国。再厉害一点，就会把几个县的土地，都淹没在一片浑水黄汤之中。这升斗小民何罪之有？竟遭此目不忍睹、耳不忍闻的境遇呢？我军素抱救人主义，又身为军人，以保民为天职，面对这样的任务，我们岂可让人么？"

　　19 日是由教导团、学兵团和手枪营组成的治河先遣队出发的日子。参加第一批治河的团长有石敬亭、孙良诚、韩复榘、佟麟阁、门致中等 7

人，营长有张自忠、张凌云、吉鸿昌等 20 人，士兵近千人。此后，每于周末，各旅、团即轮流换班。施工一月后，适值 6 月 18 日是农历端午节。冯玉祥又邀集众人一起乘车赴河工现场视察工程进展，再次晓以治河的重要意义，勉励大家奋发工作。施工部队按计划一团一团开上去，工程之艰苦难以言状。官兵们每天都在狂风暴沙之中劳作，鼻子、耳朵都塞满了沙土。大家胼手胝足，昼夜不息，前后苦干了近两个月，直到汛期到来，当年终保安全无虞。亲眼看到这一切的熊希龄，曾多次感佩赞叹不已。

冯玉祥修治永定河的善举，受到了当时媒体的广泛关注。英国《泰晤士报》、北京《益世报》《顺天时报》《中华报》等，不仅一再报道冯军奋战洪水的经过，而且纷纷给予赞誉和好评。如《中华报》评述说："冯军乃执干戈卫社稷之士也……不辞劳瘁，毅然担任，夜以继日。是冯军只知为民，未遑计其职责何在也。吾甚为京畿一带人民幸云。"

第四章

和谐：
从人定胜天到山水人城都一体

　　明清以来，北京城一直与永定河的洪水做着不屈不挠的抗争，但 20
世纪 50 年代以后，随着城市扩张、人口激增、生产消耗、环境污染以及
区域性的气候干旱，北京的水环境趋于恶化，水资源也由基本适用变为
严重短缺，成为制约北京可持续发展的瓶颈。在这样的大背景下，治理
永定河的重心也从早期以防洪抗旱、城市供水为主，转移到防风治沙、
节水抗旱、防治水污染、保护水环境等方面。进入 21 世纪后，人们对永
定河与北京城的关系进行了深刻反思和重新认识，开始从生态和文化的
战略高度审视绿水青山的重要性。随着科学发展观及"绿水青山就是金山
银山"理论的形成发展，人们逐渐从"人定胜天"、改造自然的思想，转变
为"道法自然"，使山水人城都和谐共生、融为一体的生态文明理念，西
山永定河的综合治理也由此迈上了一个新台阶。北京市开始重新全面制
定永定河流域的发展规划，从而开启了永定河见水复绿的再生计划，唤
醒了古老母亲河的勃勃生机。石景山区也积极推进落实北京市关于西山
永定河文化带的各项建设规划，致力于打造亮丽的生态文化名片和首都
美丽的西大门，正在逐步实现蓝绿交织、水城共融的生态建设新局面，
致力于成为高品质的山水宜居之城。

第一节　见水复绿的生态修复

历史上，永定河的洪水泛滥给人们留下了挥之不去的阴影，筑堤防洪一直是治理永定河的主要措施。民国时期几经规划而形成的修建水库拦蓄洪水的方案，在 1949 年中华人民共和国成立后才终于变为现实。

一、根除洪患引水发电的得与失

官厅水库于 1951 年 10 月正式动工修建，1954 年 7 月交付使用，蓄水运行。它是新中国第一座蓄水 10 亿立方米以上的大型综合利用水库，控制了永定河流域面积的 92.3%，约为 4.34 万平方千米。1987—1989 年其扩建后，总库容 41.6 亿立方米，其中防洪库容 29.9 亿立方米，兴利库容 2.5 亿立方米。设计洪水为千年一遇，相应库水位 484.84 米，使下游河道治理与防洪的基础更加稳固。官厅水库建成后，成功拦蓄大于 1000 立方米/秒的洪水共计 8 次，削减洪峰 70%—90%，有效减轻了下游的洪涝灾害。

除了官厅水库外，北京市境内还在 1970—1974 年修建了斋堂水库，位于官厅山峡清水河峡谷处，控制流域面积 354 平方千米，占清水河流域面积的 61.9%，拦洪蓄水作用明显。1974—1980 年在门头沟区下马岭沟左侧支沟还建成了苇子水水库，但由于遭遇连年干旱，尚未发挥拦洪蓄水效益。上游张家口、大同地区在永定河的干支流上也修建了一系列水库，大型的如友谊水库、册田水库等。

卢沟桥至三家店段的左岸堤防，是北京城的安全保障。北京市农林水利局1952—1956年调查发现，回龙庙、衙门口、庞村等险工堤段大多年久失修。为排除隐患，从1967年到1983年间进行了7次加固、延伸和治理。卢沟桥至梁各庄（属河北省固安县，隔永定河与大兴相望）河段，是永定河在北京市境内频繁摆动淤浅的平原河段。1958年8月25日，水电部在北京召开永定河下游河道整治会议，提出了卢沟桥至梁各庄段"三固一束"的整治原则：固定险工，以改善并解决永定河的防汛问题；固定流势，以保证行洪顺畅；固定滩地，以防止滩地显没无常；束窄河道，使河槽逐渐刷深。随后，据此确定了左右两岸的治导线，用土石丁坝、顺坝、护岸、护坝、堵塞串沟、植雁翅林和边缘柳等工程加以控制。在北京市管段内，1959—1961年修建各种丁坝、顺坝71段，沙柳盘头5段，护坡5段，护坝41段以及部分雁翅林。分洪滞洪工程建设，首推1985—1987年完成的卢沟桥分洪枢纽工程，包括在卢沟桥以上新建永定河拦河闸、改建小清河分洪闸、扩建大宁水库为滞洪水库。

经过这一系列建设和整治，永定河的滚滚洪浪的确被有效地遏制，自1958年以后，基本没有发生过大的洪水。永定河实现了真正的安澜永定，并为北京城的供水供电发挥了显著作用。

浑流被束，灾患消除，但是很快，永定河又被新的危机困扰。20世纪70年代后，由于上游地区工农业和采矿业的发展，人口增加，植被退化，用水剧增；再加上气候持续干旱，降雨稀少，致使上游来水不断减少，永定河三家店以下常年断流，引发了河床沙化、植被破坏等生态问题，干涸的永定河河床成了城市风沙的来源之一。

而环绕北京西山大大小小的煤矿、采石矿场达几百个，作为北京西山的主体和永定河官厅山峡地带，仅门头沟区的采石矿场即达百余个。房山、门头沟的大小煤窑更是遍布山野，对周边生态环境、永定河水源涵养及西山文化遗产和自然风景造成巨大破坏，引起了各界的广泛关注。

永定河的生态退化不仅成为经济发展特定阶段人口、资源、环境矛盾的具体体现，也成为沿线区县经济社会可持续发展的制约因素。20 世纪 90 年代后，随着永定河流域社会经济的进一步发展、沿岸城市规模的不断扩大，各种污水和废弃物也急剧增加，使官厅水库等水体污染越来越严重，已经不能作为城市生活供水水源，1997 年被迫退出饮用水供水系统。

官厅水库建成后，年入库水量即呈现逐渐减少的趋势，特别是 20 世纪 90 年代仅为 4.47 亿立方米/年，比多年(1953—1996 年)平均值 9.8 亿立方米/年少 54%(详见表 4-1)。而位于上游桑干河上的册田水库，基本控制了上游来水，流域供水量仅能满足工业、农业和生活用水三个方面。水资源的平均重复利用率接近 70%，该流域水资源已极度匮乏。据统计，2005 年平水年条件下洋河流域需水量为 9.06 亿立方米，缺水 1.27 亿立方米；桑干河流域需水量为 4.62 亿立方米，缺水 0.89 亿立方米。如此严峻的缺水危机势必挤占生态用水，从而影响到生态环境的正常运转。

表 4-1　官厅水库 1953—1996 年径流量变化表

（单位：亿立方米）

时段	平均年径流量	时段	平均年径流量
1953—1959 年	19.54	1980—1989 年	5.02
1960—1969 年	12.86	1990—1996 年	4.47
1970—1979 年	8.41		
1953—1996 年	9.8		

20 世纪 80 年代以前，北京市的农田灌溉主要以地表水为主，官厅水库是其中的重要水源之一。1983 年以后，官厅水库停止供水，渠灌区变成井灌区，原有的渠道和水利设施处于荒废状态，永定河三家店以下开始断流。

永定河断流给下游带来的生态影响是巨大的：卢沟桥以下沿河的柳树、沙柳盘头、沙柳丁坝和雁翅林等生物防护措施因植物枯死而失效，不得不改建成浆砌石、混凝土等硬化防护工程；河道的废弃使得两岸的建筑和企业用地不断将河道侵占；干涸的河床上要么成为堆放垃圾和废弃物的场所，要么成为挖沙、采石者的天然宝矿；由于气候干旱和河床沙化，每到冬春季节，西北风顺河而下，形成"风廊"，风沙弥漫，扬尘蔽天，成为危害北京的五大风沙源之一……加上，两岸的厂矿企业持续不断地向废河道排放污水，造成了全流域严重的水污染。

总之，到 20 世纪末，永定河从历史上的洪灾频仍，到全流域河水几近枯竭；从曾经的"清泉河"美誉，到浑水、黑水水质严重超标；从中上游的茂密森林，到日益加剧的荒山秃岭和水土流失；从曾经为城市生活、农业灌溉供水，到不得不引再生水回补入河……永定河在自然因素和人

211

为因素的影响下，变成了上游水少水脏、水土流失，下游河道断流、河床沙化的一幅景象。

图 4-1　20世纪七八十年代的永定河（石景山区文化和旅游局提供）

二、治污还绿逐步修复的生态河

进入 21 世纪后，随着科学发展观的深入人心，人们对于永定河的生态状况和功能定位有了重新认识，意识到对母亲河的保护刻不容缓。国家制定了《21 世纪初期首都水资源可持续利用规划》，建设一条安全、清洁、亮丽、和谐的永定河，让母亲河重现生机和风采，成为 21 世纪北京水利事业的奋斗目标。

该规划从抗旱防洪工程、河道及环境整治、水源保护和生态修复、绿色生态发展带等全方位对永定河的治理提出了目标、原则和实施方案。按照规划中制定的"永定河流域上中下游相结合、治河先治污"的治理原则，北京市将官厅水库入库口到永定河出山口三家店拦河闸分为两大治理区域：官厅水库入库口和库区、周边为一个区域，官厅水库下游的百里山峡为一个区域。在官厅水库三个入库口建设黑土洼、八号桥及野鸭湖湿地，上游来水首先经过湿地，通过湿地的水净化系统削减入库污染物。在库区周边采取环湖生态防护措施，建设污水处理厂；部分地区禁止农耕，建设二级保护区，退耕还林，封库禁渔。在永定河山峡段，进行生态修复，建设绿色生态走廊。三家店库区则进行清淤、治污。随着这些措施的落实，官厅水库到三家店的出库水质基本达到了三类水体标准①。2010 年，永定河又恢复成为北京城区的饮用水源。

为确保首都供水安全，增加官厅水库蓄水，在水利部大力协调下，自 2003 年开始，连续六年从河北省、山西省向北京市集中输水，累计输水 3.1 亿立方米。

追溯历史可知，永定河的生态危机是与流域内尤其是中上游地区的植被状况密切相关的。没有山的滋润就没有水的丰盈。因此，包括大西山在内的北京周边的生态环境保护和山林绿化一直是先于河道治理的常规性工作。从 20 世纪 80 年代以来，以"三北"防护林为引领的环北京山区的植树绿化事业一直稳步开展，并取得了举世瞩目的成绩。尤其是，北京市第十一个"五年规划"实施期间（2006—2010 年），确立了"新北京、新奥运"的战略构想，为办好一届"绿色奥运"，首次把"创新、和谐、宜居"作为城市建设的目标。由此开始，北京市发展和改革委员会每五年制定一份《环境保护和生态建设规划》，每年完成一篇《北京市生态环境建设发

①《北京市"十五"时期水利发展规划》，首都之窗网站，2003 年 9 月 22 日；《北京市"十一五"时期水资源保护及利用规划》，北京市发展和改革委员会网站，2006 年 9 月 8 日。

展报告》，北京市的生态环境建设步入新的发展阶段。

《北京市"十一五"时期环境保护和生态建设规划》把防沙治沙、绿化造林、河网整治、矿山生态修复等作为北京市的重点工作，也就是从这时期起，北京西部的矿山整治及生态修复全面启动，门头沟、房山、丰台等区采矿业开始转型，区域经济的战略重点是转向绿色、可持续产业。

《北京市"十二五"时期环境保护和生态建设规划》提出，要进一步加强生态建设，增加城市绿色空间和水网密度，深化自然保护区等重点生态功能区的保护和管理，推进农村环境保护与污染治理，提升生态承载能力，持续改善全市生态环境质量。具体包括：

——建设绿色空间。继续增加植被覆盖度、生物丰度，以生态涵养区为重点，完善以山区绿化、平原绿化和城市绿地为基本骨架的绿色空间体系，建设滨河森林公园、郊野公园、城市休闲森林公园、南中轴森林公园，沿中心城河湖水系打造滨水林带，增加绿地面积，优化绿地结构和布局，到 2015 年，全市林木绿化率达到 57%，城市绿化覆盖率达到 48%。

——提升水网密度。实施永定河绿色生态走廊建设，开展潮白河等河流水系综合治理，加快城市湿地恢复，增加水面面积。

——减少水土流失。继续遏制土地退化，开展沙化、潜在沙化土地治理，实施生态清洁小流域建设，推动关停矿山生态修复，减少水土流失面积；等等。①

同时，还特别制定了《北京市"十二五"时期绿色北京发展建设规划》

① 详见《北京市"十二五"时期环境保护和生态建设规划》。

这一专项规划，针对"绿色生产、绿色消费、生态环境"三大体系，系统阐述绿色北京建设的目标、任务与措施。其中以巩固山区绿色生态屏障体系为重点的一系列举措尤为引人瞩目。以"京津风沙源治理工程""三北防护林工程""太行山绿化工程"为骨架，大力推进山区生态建设和森林健康经营，着力增强森林生态系统的综合服务功能，实现森林覆盖率达到40%。积极推进与周边区域的生态建设合作项目，支持河北环京地区生态水源保护林建设，推进京蒙"三北"防护林体系建设等工程。完成房山、门头沟等7个区县剩余40万亩荒山绿化，完成5.5万亩废旧矿区生态恢复。优化森林结构，完成150万亩低效生态公益林改造，抚育300万亩中幼林。加强生物多样性保护，依托松山、百花山等六大自然保护区，重点建设20个自然保护小区。加快推动生态涵养区绿色产业发展，依托生态资源优势，大力发展资源节约型、环境友好型产业，提高生态涵养区的生态屏障功能。浅山区发展壮大生态旅游、有机农业、特色林果等产业，积极培育特色品牌沟谷，大力发展沟域经济。深山区有序发展森林旅游、休闲养生等特色产业，切实保障森林覆盖率，强化生态保护功能。①

在这样一个大的绿色发展理念的背景下，永定河流域的生态修复和治理进入到一个有计划、有落实的具体程序之中。

2005年以后，根据北京市委、市政府对永定河的治理提出的新指示——"探索生态修复新路子，建设更加良好的生态环境，实现更高水平的可持续发展"，北京市水利规划设计研究院研制出《永定河绿色生态走

---

① 详见《北京市"十二五"时期绿色北京发展建设规划》。

廊建设规划》。该规划要在总体上打造永定河"一条生态发展带、三段功能分区、六处重点水面、十大主题公园"的空间景观布局，为两岸五区创建优美的生态水环境。其具体方案如下：

一条生态发展带：营造河滨带，建设湿地，滩地绿化，湖溪贯连，水绿相间的永定河绿色生态发展带。

三段功能分区：山峡段源于自然，维护生物多样性，保护天然河道；城市段融入自然，治污蓄清，重点区域和交通节点形成水面；郊野段回归自然，有水则清，无水则绿，封河育草，绿化压尘。

六处重点水面：建设门城湖、莲石湖、园博湖、晓月湖、宛平湖、大宁湖六大湖泊，淙淙溪流贯行其间。

十大主题公园：充分利用既有砂石坑、垃圾坑、河滩地，建设十大主题公园——门城滨水公园、麻峪湿地公园、首钢滨河公园、南大荒公园、园博园、晓月人文休闲园、长堤公园、稻田湿地公园、马厂湖景园、永兴滨河生态园。

规划实施后将建成长 170 千米、面积 1500 平方千米的绿色生态发展带，新增水面 1000 公顷、绿化面积 9000 公顷，形成有水有绿、生态良好的北京西南生态屏障。该规划的建设工程已于 2010 年启动，首批进行的是门城湖、莲石湖、晓月湖、宛平湖和循环管线工程，简称"四湖一线"工程。其任务主要是治理河道 14.2 千米，总面积 550 公顷（相当于 2 个颐和园的面积），其中水面面积 270 公顷（相当于昆明湖水面积的 1.4 倍），河滨带面积 280 公顷，铺设 20 千米循环管线及修建泵站 3 座。而后推进的工程有：园博园潜流湿地、南大荒潜流湿地和小清河综合治理。这一系列生态修复工程的基本理念是"以水带绿，以绿养水"，运用干涸条件

下的再生水补渗及生物为主的河床、滩地、堤防生态修复新技术，营造
出"丰水多蓄，水少多绿，水退草丰，水绿相间"的大型城市湿地型河流。

到 2011 年，按照此规划的治理工作已卓然见效。门城湖、莲石湖、
晓月湖、宛平湖四湖共蓄水 564 万立方米，形成景观水面 270 万平方米，
四个湖泊各具特色，波光潋滟，被溪流、湿地串联在一起，像四颗璀璨
的明珠，镶嵌在京西大地。①

2009 年，北京市又出台《促进城市南部地区加快发展行动计划》，明
确提出，以改善河道生态环境为基础，结合首钢搬迁、门头沟新城建设、
丰台河西地区开发等，优化调整两岸土地及产业发展规划，增强产业聚
集竞争优势，将永定河沿岸地区逐步建设成为兼具优美生态环境和良好
经济发展态势的水岸经济带。其主要内容是：

(一)结合新农村建设工程，大力发展水岸农业生态经济

西南五区的农业均具有区域特色，经过多年发展已各树品牌。永定
河水岸生态建设，可充分利用丰台区"北方最大"的花卉基地、门头沟区
特优果品培育和特畜特禽养殖业、房山农业科技创新品牌等优势资源，
打造包括花卉园、观赏草皮培育园、无公害蔬菜园、特色果园在内的水
岸农业生态示范园；利用各区养殖业及加工业的成熟经验和稳定市场，
充分发挥水资源优势，带动水产品养殖业、特色禽畜业及特色禽畜产品
加工业的发展。这样不仅会大大改善河岸生态环境，而且将带来可观的
经济效益和社会效益。

(二)加大投资力度，大力开发生态休闲、旅游、创意文化产业

随着现代都市交通运输体系的大力发展，城市河流的功能大都不再

---

① 以上数据采自《北京日报》等媒体及网站报道。

表现为航道运输，而是逐渐转变为生态休闲和旅游娱乐之所。从长远发展看，永定河水岸经济带的开发应主要定位在生态休闲、旅游娱乐业，这与首都北京的长远规划相适应，也是永定河作为首都"母亲河"应当承载的时代使命和功能。

北京城悠久的历史文明、深厚的人文积淀，为永定河的河岸商业圈建设提供了发展源泉。永定河作为京城"母亲河"，有着丰富的人文内涵和深厚的历史底蕴，因此结合区域文化及自然景观特点，大力促进水岸文化创意产业的集聚，打造品牌文化节，形成别具一格的河岸经济文化是发展永定河水岸经济带的重要方面。

为此，西南五区本着"治水必须同时治沙、治沙和建设生态环境结合"的原则和"有水则青、无水则绿"的理念，因地制宜地实施了各区段自己的永定河治理方案，在河道治理、截污治污、景观设计、文化保护和挖掘等方面均有显著成效。

门头沟区结合生态涵养区的功能定位，对永定河的生态治理从水源保护地做起，从山脚到山顶建设"生态修复、生态治理、生态保护"三道防线：第一道防线位于人口相对稀少的远山，实行封山育林，营造水土保持和水源涵养林，提高林草植被；第二道防线在人口相对密集的浅山丘陵，集中治理农村污水、垃圾问题，做到达标排放；第三道防线在河道两岸和湖库周边地区，恢复水道景观生态，进行环境综合整治。将区内的永定河水岸经济定位于"绿色生态发展带"，重点规划绿色农业发展区，涉及门头沟军庄、龙泉、永定3个镇。

永定河石景山段的功能定位是城市防洪景观河道。因此，石景山区对沿河滩地进行了综合整治，平整场地、清除垃圾、封滩育草，改善环境，使石景山段的永定河成为文化河、生态河、景观河以及休闲旅游带。
石景山段的水岸经济带建设则集永定河的治理、保护和开发，恢复湿地
景观，改善生态环境于一体，结合西部地区基础设施建设的推进，着力
宣传永定河文化，保护好永定河古灌渠、石景山、金口、模式口、八大
处、首钢工业园的文化遗产景观，展现"山水仙境、创意城区"的总体形
象，大力发展休闲健身、旅游观光、创意文化和商业服务等产业，促进
石景山西部地区和周边区域经济联动发展。

　　处在"永定河水岸经济带"核心地段的丰台区为落实《城南计划》的行
动规划，拟建设"一条廊道，五个项目区"，扮靓北京母亲河，着力打造
人文、环保、科技、宜居为一体的绿色产业经济带。"一条廊道"是指以
永定河为主线形成永定河生态走廊。"五个项目区"包括永定河历史文化
园区、桥西街及水岸古城整体建设开发区、宛平湖建设区、晓月湖生态
系统构建区和卢沟桥农场生态修复区。为此，丰台区将加大城市环境建
设力度，在永定河以西建设再生水厂，推进河道治理、生态绿化、供水
排水管网、垃圾处理等设施建设。将依托永定河河西浅山丘陵地区山地、
生态、温泉、农业四大特色资源，以南宫旅游景区、北宫国家森林公园、
鹰山森林公园、千灵山风景区等为主体，推进河西生态休闲旅游区建设，
打造北京旅游胜地和"文化会都"。永定河丰台段的生态恢复初见成效，
白鹭、野鸭、黑天鹅、野鸡、野兔子等都已在永定河畔安家，生态环境
的改善也为麋鹿提供了良好的生存环境。

　　永定河下游的大兴段属于平原地带，流域生态恶化的后果在这里曾
经体现得尤为充分："风来滚沙丘，四季都有灾；雨来水横流，十年九不
收""晴天一身土，雨天一身泥"。这是以前大兴区永定河畔的村民们对周

边环境的真实总结。而盘踞在永定河边的几十家砂石料场更是给这里带来了一条黑色产业链。2014 年开始，大兴区集中整治清理了这些砂石料场，并对腾退后的土地进行有序流转，合理利用，绝大部分土地纳入了平原造林工程。而 2012 年就已启动的平原造林工程，就此进入持续深入、多层次的绿化美化建设。漫步在永定河畔，一条色彩亮丽的绿色廊道已初步呈现。同时，大兴区加快推进了永定河故道湿地南海子、长子营湿地公园建设，高标准推进新凤河、天堂河城市段环境建设，实施永定河引水渠等 7 条河道综合治理工程，努力营造水清、岸绿的滨河休闲环境。京南 40 千米的大兴新机场周边，约 25 平方千米的生态湿地正在建设中，它不仅能够发挥为新机场降尘、降噪的作用，还承担着蓄滞雨洪的功能。

让永定河起死回生，一直是首都人民的梦想。自 2010 年北京市启动实施永定河绿色生态走廊综合整治工程以来，相关各区积极行动起来，配合环境治理和生态修复工程，进行结构调整、产业升级。到 2016 年，门城湖、莲石湖、晓月湖、宛平湖、园博湖、南海子以及永定河畔的多处湿地景观已初具规模，不仅为市民提供了良好的游览、运动、休闲和亲水空间，也给沿岸新的经济、文化布局带来了更适宜的地理基础。

第二节　从水脉到文脉的文化带建设

　　北京市自 2006 年为打造"绿色北京"进行系列环境保护与修复工程和 2009 年开始实施"五湖一线"治理工程以来，切实改善了西部山区和永定河北京段的景观风貌，但还属于局部的改善，永定河流域的整体环境退化仍没有根本改变。随着京津冀协同发展的国家战略的实施，对西山和永定河的治理才进入了一个更加全面和深入的、新的历史时期。

一、山水相连，全域治理：京津冀晋蒙水源涵养带

　　2016 年是落实《京津冀协同发展规划纲要》的重要一年，也是永定河综合治理与生态修复工作启动之年。该年底，国家发改委、水利部、国家林业局联合印发了《永定河综合治理与生态修复总体方案》（以下简称《总体方案》）。这份针对永定河的方案，是北方首个跨省市系统治理河道的文件。按照《总体方案》，国家计划投资 370 亿元着力解决永定河水资源过度开发、水环境承载力差、污染严重、河道断流、生态系统退化、河道行洪能力不足等突出问题，将永定河水系恢复为"流动的河、绿色的河、清洁的河、安全的河"。流域各段各省市要根据具体的水资源自然条件和生态状况，集中利用 5 到 10 年时间，逐步恢复永定河全流域生态系

221

统，将永定河贯通打造成为一条蓝绿交织、贯穿京津冀晋蒙的绿色生态廊道。

《总体方案》提出了"生态景观轴、绿色发展轴、文化休闲轴"三轴合一的实施理念，旨在加快推进永定河综合治理与生态修复。京津冀晋蒙将在永定河率先推行"河长制"，地方政府将成为责任主体，明确分工及年度实施计划。长达740余千米的永定河河道，将被划为四段区域。其中三家店以上为水源涵养区、三家店至梁各庄为平原城市段、梁各庄至屈家店为平原郊野段、屈家店至防潮闸则为滨海段。

依据《总体方案》，北京市快速跟进，于2017年5月发布了《北京市永定河综合治理与生态修复实施方案》。根据这一实施方案，永定河北京段将形成"一条蓝绿交织的生态走廊""三个林水相融的生态节点""三段各具特色的功能区"。具体如下：

一条生态走廊是指永定河北京段170千米将形成溪流—湖泊—湿地相连不断的绿色生态廊道，包括山峡段的百里画廊和平原段的森林—湿地。

三个生态节点是指官厅水库周边、新首钢周边和北京新机场临空经济区周边。官厅水库将通过建设官厅水库八号桥湿地、妫水河入库湿地等湿地群，以及官厅水库水源保护、水库河滨带修复和妫水河水质提升，大幅增加湿地水面、森林，打造湿地中的世界园艺博览会，支撑2019世园会和2022冬奥会等重大活动举办。新首钢周边，则将通过建设麻峪湿地、南大荒湿地、首钢水系连通、首钢遗址公园和滨河水绿生态修复，扩大绿色生态空间，成为长安街西延通向自然的轴线，渗透带动北京中心城绿色发展。北京新机场临空经济区周边，将通过建设稻田湿地、马厂湿地、长兴湿地、永兴滞洪湿地和滨河森林公园，形成湿地连成线、森林连成片的生态廊道格局，打造首都南大门壮美的大地艺术景观，奠定临空经济区加快发展的生态基础，为京津冀协同绿色发展提供示范。

三段功能区：一是官厅水资源保护区，主要功能是增加入库流量，提升水质标准；二是山峡水源涵养区，主要功能是防治水土流失，增强水源涵养能力，加强涵养林建设和河道生态修复；三是平原生态区，将主要展现生态休闲服务价值，营造大型人、水、绿共享的河流公园格局。

按照《总体方案》所计划的，到2020年，永定河河流生态水量要得到基本保障，河流水环境状况明显好转，生态功能得到有效提升，防洪薄

图4-2　2021年永定河生态补水后（吴文涛摄）

弱环节得到治理，跨区域协同体制机制基本建立，初步形成永定河绿色生态河流廊道。

为了实现这一目标，北京市正实施每年为永定河注入高达 7500 万立方米的中水，用于补充水体。并于 2020 年开始每年分两季从万家寨引山西、内蒙古等省份的黄河水入官厅水库，为永定河干流补充水源。①

北京市园林绿化局则为贯彻落实这一《总体方案》，相应制定了《北京市永定河综合治理与生态修复绿化建设实施方案》，并将任务落实到各区各段，责任分解到 18 个具体工程②（见表 4-2），集中力量进行永定河沿岸和西山地区的森林养护及植被恢复，实现林水共治。

表 4-2　北京市永定河综合治理与生态修复绿化建设任务安排及责任分解表

序号	工程名称	建设任务（亩）	实施时限（年度）	责任单位	监管部门
1	门头沟区永定河和清水河水源涵养林工程	14 万	2017—2022	门头沟区园林绿化局	造林营林处、治沙办
2	延庆区妫水河河岸景观林建设工程	1062	2017	延庆区园林绿化局	造林营林处、平原造林办
3	大兴区永定河外围绿化建设工程	2.6 万	2017—2018	大兴区园林绿化局	造林营林处、平原造林办
4	门头沟区永定河河岸景观林建设工程	2.08 万	2018—2022	门头沟区园林绿化局	造林营林处、平原造林办、治沙办

① 《2020 年永定河生态补水全面启动》，水利部网站，http://www.gov.cn/xinwen/2020-03/10/content _ 5489647. htm.

② 《北京市永定河综合治理与生态修复绿化建设实施方案》，首都园林绿化政务网，http://yllhj. beijing. gov. cn/zwgk/fgwj/qtwj/201911/t20191130 _ 766701. shtml.

续表

序号	工程名称	建设任务（亩）	实施时限（年度）	责任单位	监管部门
5	大兴区永兴河河岸景观林建设工程	3000	2018—2020	大兴区园林绿化局	造林营林处、平原造林办
6	延庆区妫水河河岸景观林改造提升工程	1.14 万	2017	延庆区园林绿化局	造林营林处、平原造林办
7	房山区永定河河岸景观林改造提升工程	2000	2017—2018	房山区园林绿化局	造林营林处、平原造林办
8	门头沟区永定河森林质量精准提升工程	20.3 万	2017—2022	门头沟区园林绿化局	造林营林处、治沙办
9	门头沟区清水河森林质量精准提升工程	14.11 万	2017—2022	门头沟区园林绿化局	造林营林处、治沙办
10	延庆区野鸭湖湿地公园保护与恢复工程	1170	2017—2018	延庆区园林绿化局	野生动植物保护处
11	房山区长阳永定河滨河森林公园建设工程	5900	2018—2020	房山区园林绿化局	造林营林处、平原造林办
12	石景山区首钢遗址公园绿化和水系建设工程	3000	2018—2022	石景山区园林绿化局	城镇绿化处、规划发展处
13	大兴区永定河滨水郊野森林公园建设工程	3.5 万	2019—2022	大兴区园林绿化局	造林营林处、平原造林办
14	门头沟区九河湿地公园建设工程	7809	2019—2020	门头沟区园林绿化局	野生动植物保护处
15	丰台区北天堂滨水郊野森林公园建设工程	800	2018—2019	丰台区园林绿化局	平原绿化处
16	门头沟区永定河科普公园建设工程	406	2018—2019	门头沟区园林绿化局	平原绿化处、城镇绿化处
17	门头沟区永定河滨水公园建设工程	700	2018—2019	门头沟区园林绿化局	平原绿化处、城镇绿化处

续表

序号	工程名称	建设任务（亩）	实施时限（年度）	责任单位	监管部门
18	延庆区野鸭湖湿地自然保护区建设工程	2.5万	2020—2022	延庆区园林绿化局	野生动植物保护处
合计	62.81万				

在社会各界林水共治的努力下，永定河沿岸渐渐被一片绿色覆盖。河道两侧30米范围内，耐旱的元宝枫、栾树、黄栌、侧柏等树种形成一条完整的防风固沙的绿色屏障，黄沙滚滚的河滩地变成了溪水—湖泊—绿道相连的景观带。尤其自2020年始的春秋两季生态补水后，永定河目前已实现干流全线通水。站在石景山上远眺，可以看到上下游连贯一体

图4-3　如今石景山段永定河河道风貌（石景山区文化和旅游局提供）

的开阔河面，河水清澈透明，两岸绿树成荫，蝴蝶纷飞，水鸟悠闲。永定河沿岸正在成为京西南地区最大的绿色平台，呈现一幅人水和谐的美丽画面。

二、生态助发展，文化织锦带：从"生态河"到"文化河"

就在永定河流域生态景观逐渐恢复之际，一个居于更高战略格局的规划也已形成。为落实习近平总书记两次视察北京发表的重要讲话的精神，确立首都全国文化中心的城市战略定位，2016年6月，《北京市"十三五"时期加强全国文化中心建设规划》中提出了重点实施"两线三区四带"工程，其中"四带"是长城文化带、西山文化带、大运河文化带、京西近代工业遗产带。同时，《北京市国民经济和社会发展第十三个五年规划纲要》也正式将"历史文化名城整体保护"列入其中：加强旧城整体保护；推进区域文化遗产连片、成线保护利用，挖掘区域文化遗产整体价值，制定实施北部长城文化带、东部运河文化带、西部西山文化带保护利用规划。

"西山文化带"的概念由此形成。西山及其山前地带是北京市郊外历史文化遗产最丰富、类型最多样的地区。早在20世纪90年代，吴良镛先生就提出了建设"西北郊历史公园"的设想，将圆明园及其以西文物分布密集的山地建设成为国家级的公园。2004年的北京市总体规划也曾根据吴先生的设想，在北京西山规划了"国家历史公园"，但并未施行。后来，北京市园林局又提出了"西山国家森林公园"的设想，北京市文物局则依据文物集中分布的区域状况，率先提出了"西山文化带"概念，都是在吴良镛先生"西北郊历史公园"概念基础上的发展，其范围大体相似，只是内容各有侧重。

当时，设立"西山文化带"的初衷是，打破单一文物保护的框架，从区域保护与区域发展入手，结合生态保护、景观保护、地名保护、旅游开发、新农村建设、交通建设、经济发展、居民生活改善等诸多方面，制定文化遗产保护规划和区域发展规划，实现保护与区域发展的紧密结合。

2017年春，以北京市社科院专家为代表的一批专家学者提出了永定河文化的重要意义，建议将"永定河文化带"纳入新的北京城市总体规划中，以"构建全覆盖、更完善的历史文化名城保护体系"①。这一提议不仅得到北京市领导的肯定性批示，也得到了北京史研究会、永定河文化研究会等学术团体以及北京市方志办、文物局和沿河各区委区政府的广泛支持。在大家共同呼吁建言下，将"西山文化带"修订为"西山永定河文化带"；在2017年9月正式发布的《北京城市总体规划（2016年—2035年）》（以下简称《总体规划》）中，明确将大运河文化带、长城文化带和西山永定河文化带作为北京历史文化名城保护体系的重要内容②。

永定河不仅是北京的母亲河，更是一条文化的河，从上游到下游，从远古到当今，其文脉绵长延续不断，发展至今俨然是一条连通京津冀晋蒙灿烂文明的大文化带。这条文化带具有历史悠久、内涵丰富、包容大气、底蕴深厚的特点，见证了中华民族融合发展的历史进程，体现着各个历史时期、不同民族文化发展的成果精髓。其文化形态多样，覆盖

---

① 吴文涛：《关于将永定河流域打造成北京第四大文化带的建议》，经北京市社科院要报《看一眼》2017年第7期上报，获北京市领导肯定性批示；后以《这条"大文化带"值得重视》为题刊发于《北京日报》2017年5月15日理论周刊。

② 北京市人民政府，http://www.beijing.gov.cn/gongkai/guihua/wngh/cqgh/201907/t20190701_100008.html。

了从史前至当代漫长的历史时期，文化遗产和风景名胜区众多，文物保护单位级别高，仅北京就有世界文化遗产以及国家级、市级等各级文物保护单位 400 余处。从文化入手保护和治理永定河流域，这是站在国家战略高度的深远布局之举，是在更大格局、更广视野中审视永定河的文化价值，发挥永定河流域山水同源、文化同脉的优势，为提升整个流域的社会发展水平注入灵魂和永恒的动力。这一规划的提出，也为保护传承发展西山永定河文化提供了千载难逢的历史性机遇。

规划建设西山永定河文化带的总体目标是，实现文物保护与生态保护、旅游发展、文化建设的结合，全面保护、传承、利用好山好水的自然资源和各类历史文化资源，涵养生态环境，打造标志性文化品牌，为京津冀协同发展搭建深度交融的桥梁，为首都建设全国文化中心注入独特的文化内涵。

具体到西山区域，主要有以下目标和举措：按地域划分，北京境内的西山区域北以昌平南口附近的关沟为界，南抵房山拒马河谷，西至市界，东临北京小平原；行政区包括昌平、海淀、石景山、丰台、门头沟、大兴和房山七区的全部或部分，占据了北京市总面积的 20% 以上。要在这么大范围的区域内，形成一个文物的整体保护地、与历史文化融合的生态涵养地、高品质的文化旅游目的地、高端文化艺术品的展示地、充满文化气息的宜居地。其建设的重点内容包括：依托三山五园地区、八大处地区、永定河沿岸、大房山地区等历史文化资源密集地区，加强琉璃河等大遗址保护，修复永定河生态功能，恢复重要文化景观，整理商道、香道、铁路等历史古道，形成文化线路等。具体落实到空间部署上又可以分成以下几步：

第一步，在东部地区初步完成"三山五园"历史文化景区建设，提升圆明园遗址保护和考古工作水平；实现旭华之阁、松堂、景泰陵、黑龙潭等文物的开放或适度开放，复建功德寺遗址，重塑青龙桥古镇形态；建设以香山为中心的小西山文化生态景观带，形成环绕小西山的环山游览线；建设水陆一体的长河文化景观廊道，在玉泉山下恢复部分京西稻田，恢复高水湖等水利景观；大力引进博物馆、美术馆，发展文化创意产业，建设文化标识系统。

第二步，在中西部区域，通过三条古香道把门头沟的妙峰山景区与海淀区的大西山景区结合起来，形成以妙峰山为中心的民俗文化游览区。建设以大觉寺、古香道、七王坟、凤凰岭、白虎涧、驻跸山为轴线的沿山历史文化风景带。协调关系，推进七王坟、九王坟、普照寺、驻跸山、贯石药王庙等文物的修缮和开放。

第三步，在区域西北部形成由流村经高崖口到苇子水的沟域文化景观带，展现古村落风情，在区域南缘形成永定河沿线历史文化景观带①，等等。

就西山部分而言，自确立"西山文化带"以来，北京市对区域内的部分文物保护单位进行了全面的保护修缮。"香山二十八景"等历史建筑及历史景观得到进一步恢复，圆明园遗址考古和保护展示工作取得了突出成果，世界文化遗产颐和园文物得到全面保护。同时区域环境整治、基础设施建设、产业转型升级、旅游产业开发等方面都取得了突出成果和实效，西山地区正在成为一个具有共同生态文化和历史文化属性的，集

---

① 岳升阳、侯兆年：《北京"西山文化带"的保护利用》，《北京文博文丛》2016年第2期。

首都文化、生态、经济、社会、政治"五位一体"的功能聚合区。

　　围绕永定河流域的文化建设，则是一幅更加宏伟的蓝图。相关部门先是制定了《永定河绿色生态走廊文化规划》。规划以永定河是北京母亲河的认识为基础，以弘扬、展现永定河文化为主题，以实现永定河文化与绿色生态融合、浑然一体的绿色生态走廊建设为目标，为永定河绿色生态城市发展带建设提供文化支撑。该规划将永定河文化恢复和文化产业发展作为一项重要内容，着力推动文化资源城乡共享、以文化资源为基础的相关产业发展，特别是旅游业的发展。《永定河绿色生态走廊文化规划》在永定河流域设置了六类重点文化聚集区（带），包括沿永定河滨水空间的水文化聚集带；以三家店、琉璃渠为基础的古村落文化聚集区；以宛平城、二七车辆厂为基础的爱国主义教育聚集区；以戒台寺、模式口为基础的宗教文化聚集区；以良乡、大兴高教园区为基础的现代文化传播区；等等。

　　经过山水同治的一系列举措，西山永定河文化带尤其是石景山区段，正呈现出日益明显的文化发展势头：一是其本身的区位优势明显，距市中心距离较近，特别适宜短途旅游，且方便市民周末出行；二是自然与人文融合凸显中国生态文化特色，文化旅游资源禀赋优、等级高，空间组合好、密集程度高，自然景观秀丽，人文底蕴深厚；三是临近高教园区和科技园区，可以依托高水平的科教优势，使人文自然相结合、历史未来相结合、传统新潮相结合，培育出更多的新型旅游资源；四是文化产业空间开发潜力大、发展快，其规模已占全市 1/3 左右，正在成为新型科技产业和文化创意产业的勃兴之地。

　　今后，可以按照世界文化遗产"文化景观"类标准保护和重塑北京西

山永定河文化景观，通过升级管理、创新体制、理顺机制，创新投融资模式和绿色发展激励约束机制等，建立生态和文化内涵并重的西山国家公园、永定河水利文化遗址公园、南苑湿地生态文化公园等一系列国家级的生态文化公园，形成环北京生态文化景观带。

综上所述，北京西山永定河文化带是北京的文明之源、历史之根，具有文脉绵长、底蕴深厚的特点；是首都的生态屏障、战略要地，承载着天人合一、中华一统、民族团结、宗教和谐的核心价值。有关西山永定河文化带的规划建设，标志着北京绿色发展理念和文化精神的复兴。以生态涵养和文化驱动为主题的永定河流域综合治理，不仅将为北京的上风上水带来极大改观，还必将为相邻的雄安新区的长足发展提供广阔而纵深的环境背景和人文支撑。倾力打造既有自然地理条件又有历史文化根基的西山永定河文化带，不仅是对北京推进全国文化中心建设，实现"一核一城三带两区"规划的具体实践，也是带动全流域协同发展的重大举措。在实施京津冀一体化国家战略进程中，西山永定河文化带作为重要的空间载体和文化纽带，将日益展现其特殊价值和巨大潜力。从国际趋势看，文化要素已然成为世界社会经济发展的重要引擎，我们正在迎接"文化＋"时代的到来，文化已成为我国创业创新最活跃的领域之一。不久的将来，永定河流域将凭借其卓越的山水资源与历史文化积淀，向绿色、低碳的"生态河""文化河"跃升，成为自然生态的示范区、林水相依的景观带、流域文化的展示廊、新兴经济的发展轴，成为中国极具价值、富有活力的发展区域。

第三节　一半山水一半城

　　进入新时代，随着生态文明建设对流域治理工作要求的提升，永定河流域综合治理向着"项目综合化、要素系统化、范围扩大化"转变。流域治理内容不再局限于传统点状水利工程（如水土保持）或线状工程（如中小河流治理），而是强调综合"上下游、干支流、左右岸"的流域空间整体治理思路，包括统筹"山水林田湖草"的治理等，同时强调了水土资源的开发、利用、保护与合理配置，治理内容还涉及国土、水利、农业、环境和文化旅游等相关领域。在这样一个大背景下，作为永定河流域最关键节点——"东临帝阙，西濒浑河"的石景山区，对永定河生态治理交出了一份自己的答卷。

　　石景山区是北京市六大中心城区之一，占据《总体规划》中提到的长安街西轴线和永定河两个重要节点，具有独特的山水绿化本底优势。在此基础上如何实现山水融城，统筹山水林田湖、城镇乡村路，构建人与自然和谐相处、城区山林处处鸟语花香、山水生态文化可知可感、精致园林与自然野趣交相辉映的城市森林创新示范区，已成为石景山区人民的共同思考和共同担当。近十来年，在"疏解整治促提升"专项行动中，

233

石景山区按照"全面深度转型、高端绿色发展"的战略，树立"创新、协调、绿色、开放、共享"的发展理念，利用腾退土地优先进行绿化美化，进一步提升生态容量，优化空间结构，提高城市品位，实现了山区林地、滨河绿带、道路廊道、城市公园的有机串联，区域面貌发生了天翻地覆的变化，呈现出大美石景山的城市风貌。

一、以绿谋城，打造高端绿色基底

党的十八大以后，石景山区以绿色发展理念为引领，认真贯彻《总体规划》，积极推进西山永定河文化发展带和"西绿东引"重点项目建设，通过规划建绿、空间拓绿、拆违还绿、身边增绿等方式，统筹规划新一轮百万亩造林、"留白增绿"和公园绿地建设，利用疏解整治腾退成果，建设一批、启动一批、推进一批绿化项目，为全区生态文明建设打造高端绿色基底。

具体地说，就是以永定河绿色生态发展带及西部山区为起点，通过永定河引水渠滨水绿廊、长安绿轴、阜石路生态绿廊等生态廊道以及城市公园、道路绿化、老旧小区、小微绿地等构成的生态网络，建设高端绿色生态之城。主要项目包括以下内容：

（一）永定河流域滨水森林景观

通过实施永引渠滨水绿廊一期（北侧）东、西段，保险产业园南侧、东侧绿地及神农庄园南侧绿地等多处建设工程，将滨水绿化廊道、滨水空间和绿道系统进行有效结合，形成了以滨水森林为特色的滨水空间。在此基础上，又依托永定河森林休闲公园、莲石湖公园、麻峪湿地、南大荒湿地公园、首钢南区滨河区域森林带等项目建设，着力打造河流、湿地、水岸森林和城市绿地交相辉映的滨河景观。

(二)长安绿轴森林景观

长安街是城市与自然友好对话的重要载体，石景山路两侧绿地是富有地区标志性特色的绿色开放空间。目前，玉泉路至古城大街长度为6.1千米的绿化改造、挡墙及栏杆改造工程已经竣工。通过整合分散绿地资源、加高加密加厚绿量、丰富道路两侧色彩和绿地层次，行道树树池绿带连通等方式，提升了道路绿地景观效果，成功打造出一条由城市通往自然的绿色轴线。

(三)长安城市森林公园群落

在东起玉泉路口，西至永定河特大桥，石景山路南北两侧各1千米，区域面积21.7平方千米的范围内，启动了长安城市森林公园群建设工作。利用棚改项目代征绿地，落实拆违地块留白增绿，实施北京国际雕塑公园、旺景公园、芳菲园、西长安街艺术公园、冬奥文化公园、石景山城市森林公园、衙门口城市森林公园、石景山游乐园、松林公园、新安城市记忆公园、首钢工业遗址公园、石景山景观公园、永定河滨河景观带13处大尺度绿地的建设及改造工程，着力打造出"望山逐水、树密林茂、文明礼仪、自然大气"的区域特色，使长安街石景山段成为首都西大门标志性的重要景观。

(四)腾退土地建绿还绿

石景山区在全市率先实现了"基本无违法建设城区"的目标。结合"疏解整治促提升"专项行动，区委区政府进一步提出了改善生态环境质量，提高绿地建设品质，为市民提供便捷舒适的绿色活动空间的工作要求，腾退土地建绿还绿工作迅速开展，京西商务中心南侧、五里坨地区、八大处路南侧小白楼点位、东队果园及军地市场等19.3公顷拆违地块完成

绿化，昔日的脏乱差场所，已蜕变成为一处处生态精品公园。

（五）道路绿色景观和生态社区建设

按照"高端绿色、环境优美、文明有序、特色鲜明"的统一标准，石景山区不断提升街巷和社区环境。完成西黄新村北里、八角南里、体育场南街7号院、天翠阳光等28处小区的绿化景观提升和补植增绿工程，完成冬奥组委周边等4个片区和上庄大街、老山南路、古城大街等11条道路的绿化改造工程，实现25千米的道路树池连通，对八大处路、西山枫林四区、新闻学院周边等18处边角地进行了绿化改造。城市道路景观形象明显提升，社区居民生活环境明显改善。

此外，区里还在森林防火、林木病虫害管理、野生动物和林地保护及利用等方面加强了绿地资源的严格管理，配合重点建设项目的实施取得了明显成效，从细微处、深层次、全方位地"建绿增绿"。

绿，是生命的颜色，是自然的颜色。总之，这一时期，石景山区在有关生态文明建设实践中执行的还是绿色发展、绿色优先的指导理念，以绿谋城，营造宽阔浓郁的绿色基底，营造"城在林中、林在城中、人在绿中"的生态图景，让森林城市成为石景山的亮丽名片，把环境面貌的美化、优化和城市景观的生态提升落到了实处。

二、山水融城，建设宜居森林城市

党的十九大以后，以习近平生态文明思想为指引，2018年10月石景山区正式启动创建国家森林城市工作（以下简称"创森工作"）。创森工作是贯彻党的十九大精神的务实举措，是建设绿色生态首都西大门的标志工程，是展示石景山区生态实力的重要契机。工作将围绕《国家森林城市评价指标》中森林网络、森林健康、生态福利、生态文化、组织管理五大体系，按照"补齐短板、增加容量、优化结构、提升品质、突出特色"的思路，依托石景山区"山、河、轴、链、园"的生态体系，实施森林生态体系建设、绿地资源管理、生态文化建设三大板块十项重点任务，以创森工作为契机，加速实现区域山水融城、绿树环绕、林园相嵌、水清林茂的宜居森林之城格局。其中，"山"就是以西山森林景观建设为重点，提升森林环境质量；"河"就是推动永定河流域滨水森林景观建设，打造河流、湿地、水岸森林和城市绿地交相辉映的滨河景观；"轴"就是以旺景公园、松林公园、新安城市记忆公园等沿线 13 个公园为主体的长安街西延长线城市森林群建设，以轴带线，营造区域森林廊道网络；"链"就是围绕沿永定河、西山和东部城区的城市慢行系统，进一步深化山水绿链规划，形成生机盎然的"绿色生命线"；"园"就是精心打造一批公园景观，使城市面貌、城市生态有一个显著的提升。

(一)"一带两区"

石景山区通过绿化建设充分整合区域内自然山水、宗教雅藏、旅游民俗等旅游资源，实施西山森林景观提升工程、西山彩化工程等，着力打造西山国家公园生态文化核心区。2018 年先期启动法海寺森林公园的改造提升，2020 年完成西山国家森林公园、西山八大处文化景区的改造提升等，形成"一带两区"的旅游空间格局。

"一带"即五里坨生态休闲观光带，沿黑石头沟两侧，发展从山上到山下的带状休闲观光带，串联文化景点，结合陈家沟旅游服务基地建设，打造树屋等特色住宿，建设小型半山农场等。"两区"即：模式口民俗文化景区，以模式口大街为基础，打造以老北京民俗为主题的历史文化街区，结合周边法海寺、承恩寺、田义墓和冰川馆等景点，综合展示寺庙文化、京西古村文化、驼铃古道、冰川地质文化；八大处佛教文化景区，打造以佛教文化为主题的观光区。

(二)"永定河生态文化名片"

在 2018 年制定的《石景山区西山永定河文化带保护发展五年行动计划(2018 年—2022 年)》中，明确了把推进永定河流域生态环境的综合治理，加强永定河流域的保护利用和生态环境提升，打造山水林城相融的绿色景观长廊和"永定河生态文化名片"作为全区工作的重点之一。具体包括：

1. 构建永定河滨水景观廊道

强化生态治河理念，永定河沿岸宜绿皆绿，加强永定河河道沿岸和堤外水岸空间整体规划，推进重点水系生态景观修复。保护利用十八磴古石堤等古代水利设施遗址资源，展示戾陵堰、金口河水利遗址等文化景观。提升莲石湖、永定河休闲森林公园建设品质，加快首钢滨水森林公园及石景山山体建设，采用多种类植被种植，分层次构建跌水景观带，修建水岸观赏游玩设施。启动八大处沟景观提升工程及莲石湖堤顶路道路景观提升工程，推进人民渠西延工程、高井沟流域生态修复工程，继续实施永引渠水系景观一期工程，结合永引渠南路海绵城市及永引渠两岸带状城市森林公园等建设项目，提升改造永引渠沿河滩地、岸坡，增强河湖滨水空间活力。实现区域内山、水、城的连通，推进永定河区域滨水城市绿地群、首钢滨水森林公园建设，打造生态滨水景观长廊，展示永定河生态文化价值。在保证景观绿化效果的基础上，融合海绵城市功能，综合提升改善永定河滨水地区生态环境。

2. 推动永定河水环境全面治理

为加强永定河水系治理，区里规划上马了一批重点项目，包括：加强水系连通流动，增强上游补水，勾连河湖水系形成流动水网，重点推进永定河、永引渠、人民渠等水系连通流动工程，增加水体流动性、复氧力和自净力。以水质改善为核心目标，加大河道整治力度，加强水质净化维护和沿线污水收集处理，严控排污口和污染源，等等。尤为引人关注的是，加快实施了南大荒水生态修复工程。南大荒新增湿地水面 500 亩，辅以跌水、喷泉、溪流景观建设，构建功能景观并重的湿地公园。大片湿地起到滞尘、净化水质、涵养水源、改善气候的作用，成为京西一道绿色屏障。通过对湿地岸线的改造，植物搭配及设施引入，打造河流、坑塘、湖泊、沙洲、滩涂到草地、农田、灌木丛、林地等湿地生境，净化水质的同时，吸引了众多动物和候鸟在这里栖息，生态效益逐渐显现。

同时，进一步加强永定河流域水环境监测力度，完善流域水环境监测系统，对永定河南大荒平原段水质考核断面定期监测，实现水环境的监测、评价、评估、应急、调控、监管的全过程管理。通过以上通流、截污、清淤、水土保持和绿化建设、沿岸治理、生态修复、环境监测等各项措施，推进流域生态系统保护，全面提升永定河水环境面貌。

(三)文化建园

除了在生态环境、景观格局上下大力气进行升级改造，石景山区还通过开展系列文化活动，为山水之城注入文化之魂，树立石景山区生态宜居和旅游文化的品牌形象，促进全区生态文明和旅游文化的融合发展。八大处公园组织的西山八大处文化节、中国园林茶文化节、新春祈福庙会等文化活动，石景山游乐园组织的"洋庙会"、"春之韵"游园会、"狂欢之夏"、"欢乐金秋"游园会等品牌活动，北京国际雕塑公园举办的新春文化游园和体育庙会活动、玉兰文化节、非遗文化嘉年华等特色活动，均实现了经济效益和社会效益的双丰收。尤其是自 2021 年开始，北京市委宣传部主办的"西山永定河文化节"连续两年在首钢园区盛大开幕，掀起了"京西山水嘉年华"系列活动热潮，为西山永定河文化融入普通百姓生活，走入百姓心中，起到了特别好的效果。

石景山区拥有非物质文化遗产（简称"非遗"）名录项目 35 项，其中国家级的 3 项，市级的 9 项，区级的 35 项。① 虽然在数目上不能与东城、西城相比，但其非遗文化保护和推广工作在全市范围内却是走在前列的。2011 年区文化遗产保护中心、区非物质文化遗产保护工作办公室正式挂牌；随后又将区图书馆、黄庄职业高中等 6 家单位挂牌为区非遗传承教育基底；设立了非遗示范校（点）16 个，非遗展示公园 6 个；先后在八大处公园、古城公园、区图书馆、承恩寺等地举办演出、展览故事会等多种形式的宣传展示活动。诸如永定河传说、石景山太平鼓、古城村秉心圣会、京式旗袍传统制作技艺、通背拳、和香制作技艺等一系列传统民俗、民艺正传入千家万户，融进百姓生活。

（四）生态入心

以创森工作为总牵引，全区造林绿化工作着力突出了城市森林建设理念，带动和拉升造林绿化工作呈现新高潮。一是推进大尺度绿化和城市森林建设，彰显石景山区山水资源和城区大型绿色空间优势；二是利

---

① 《石景山区非物质文化遗产代表性项目保护名录（2022 年）》，由石景山区文化和旅游局提供。

用城区中小型绿化用地，建设精微精细的社区公园和精品街道，打造格调之城和韵味之城；三是见缝插绿，认真做好老百姓房前屋后绿化，打造舒心之城和贴心之城。在这一系列过程中，石景山区利用各种渠道积极倡导、推广生态文明理念和绿色生活方式，区属各单位、驻区企业和社区广大群众积极参加全民义务植树活动，通过多种尽责形式履行植树义务。已认养绿地面积 15.83 万平方米，认养树木 615 株。通过开展"市花月季进社区""乡土植物进社区"等"六进"活动，引导全社会树立"植绿、爱绿、护绿"意识。"十三五"以来，创建首都绿化美化花园式单位 6 个、花园式社区 2 个。在全市率先实现公园绿地 500 米服务半径基本全覆盖，城市绿化覆盖率由 51.3％提高到 52.42％。①

从"打造绿色基底"到"创建城市森林"，反映出石景山区在生态文明建设的实践中，已经由单纯以硬件改造为重点，提升到了为自然景观注入人文活力；由原来链条式的、区域性的基础治理，转变为全网式的、系统性的提升规划。"生态文化名片"是有里有面儿、有实质内涵的区域金字招牌。

三、品质筑城，秀出美丽首都西大门

"锐始者必图其终，成功者先计于始。"为推进西山永定河文化带建设，实现"一半山水一半城"的宜居之城的美好愿景，2018 年，石景山区委区政府就邀请了五大领域 18 家智库机构专家学者参与论证修改，制定形成了《石景山区西山永定河文化带保护传承发展规划（2018 年—2035年）》和《石景山区西山永定河文化带保护传承发展五年行动计划（2018

---

① 石景山区融媒体中心：《石景山喜迎党的二十大成就展（3） 山水融城 扮靓首都西大门》，https：//baijiahao.baidu.com/s？id＝1746103606224672530&wfr＝spider&for＝pc。

年—2022 年)》两大纲领性规划，列出了《2018 年重点工作任务清单》，明确了阶段目标、完成时限和责任分工。

到 2020 年底，石景山区委十二届十二次全会正式审议通过了《中共北京市石景山区委关于制定石景山区"十四五"时期国民经济和社会发展规划和二〇三五年远景目标的建议》。2021 年 1 月 9 日，石景山区第十六届人民代表大会第七次会议审查和批准了《石景山区"十四五"时期国民经济和社会发展规划和二〇三五年远景目标纲要》。在这一系列规划文件中，也都把西山永定河文化带的建设摆到了极为重要的位置，尤其是有关生态文明建设的内容更显突出。

（一）融入首都新发展格局的"三区"建设目标

坚持以首都发展为统领，积极融入首都新发展格局，计划到二〇三五年，石景山区作为中心城区，将在率先基本实现社会主义现代化国家新征程中努力走在前列，建成国家级产业转型发展示范区、绿色低碳的首都西部综合服务区、山水文化融合的生态宜居示范区，打造创新引领、生态宜居、多元文化交融、山水城市相融、产城发展共融、具有国际魅力的首都西大门。

《总体规划》赋予石景山区打造"国家级产业转型发展示范区、首都西部综合服务区、生态宜居示范区"的发展定位。"十四五"时期，瞄准这"三区"目标，石景山区在生态文明建设方面将突出做好以下方面工作：合理布局城市公共空间，实施留白增绿，改善城市环境；着力改善生态系统，统筹规划山水林田湖草与城市空间，构建山环水绕、绿轴穿城、绿链串园的绿色空间格局。创建国家森林城市，打造"秀水石景山"，高水平建设生态宜居示范区。

(二)打造西山永定河文化带的精品力作

西山永定河文化带是北京市持续做好首都文化这篇大文章、推进全国文化中心建设的重要一环。《北京市推进全国文化中心建设中长期规划(2019年—2035年)》中，对西山永定河文化带的规划定调为："融会一山一水，彰显西山永定河文化魅力"，构建"四岭三川一区两脉多组团"的山水格局，大力推动北京西山生态保护和绿色发展，为首都打造亮丽城市风景线，塑造优质城市背景轮廓。保护永定河、大石河、拒马河生态环境，严守生态红线，推进生态修复和流域治理。加强三山五园地区整体保护，将三山五园地区建设成为国家历史文化传承的典范地区和国际交往活动的重要载体。结合西山、永定河生态环境，构建由重要文化遗产串联的文化脉、生态脉。以重要历史文化资源与自然生态资源分布密集区为主体，打造一批有历史底蕴、有绿水青山、有乡愁记忆的生态文化组团，凸显其作为北京文明之源、历史之根、生态之基的宝贵价值。

石景山区在西山永定河文化带上占据极为重要的地位，为更好落实以上北京市的总体规划，全区以充分彰显文化生态底蕴为目标，在"十四五"时期将全面深入落实西山永定河文化带保护发展规划和行动计划，加大重点项目支撑力度，办好西山永定河文化节等活动，打造有影响力的文化品牌。深入挖掘古河道、古商道、古香道和八大处、模式口、永定河、首钢园、八宝山这"三道五区"的文化内涵和时代价值，增强八大处传统文化、永定河生态文化、模式口历史文化、首钢工业文化、八宝山红色文化和冬奥及创新文化这"六张文化名片"的品牌魅力，推进文物修缮和基础设施改造，精心打磨模式口历史文化保护区，加强永定河综合治理和生态修复，打造亲水生态廊道，着力改善环境质量，展现"一半山

水一半城"的美丽姿态。运用科技手段创新利用冬奥文化遗产，促进文化旅游与体育、科技等产业深度融合、跨界发展。推动文化与科技、旅游、金融等融合发展，培育发展新型文化企业、文化业态、文化消费模式，构建充满活力的现代文化产业体系和文化市场体系。

（三）以生态文明建设为品质之城铸魂

为更好地融入首都发展新格局，结合石景山区青山秀水的生态优势，2021年2月石景山区专门召开了区委生态文明建设委员会第四次全体会议①。会议听取了区委生态文明建设委员会2020年工作总结和2021年工作要点。指出：要坚持以习近平生态文明思想为指引，深入学习贯彻党的十九届五中全会精神，全面贯彻落实市委全会精神，坚持问题导向、目标导向，全面落实北京市"十四五"生态环境保护规划和应对气候变化规划，聚焦重点领域、薄弱环节，建立负面清单，紧抓不放、持续用力，全面深化生态环境建设，努力推动"十四五"时期污染防治攻坚战取得新突破、全区生态文明建设迈上新台阶，打造天蓝水碧土净、山水文化融合的生态宜居示范区。会议特别要求扎实推进生态文明建设各项任务落实。

一是要深入打好污染防治攻坚战。精准、科学编制实施好2021年行动计划，持续改善环境质量。坚决打赢蓝天保卫战，落实北京市CO_2控制专项行动，持续推进"一微克"行动。严格实施全域全过程扬尘控制，持续提升区域联防联控水平，做好重污染天气应对。坚决打好碧水攻坚战，严格落实"河长制"，加强饮用水水源地保护，强化水生态执法检查，

---

① 北京市石景山区人民政府，http://www.bjsjs.gov.cn/ywdt/sjsdt/20210203/15160593.shtml。

抓好水生态修复。坚决打好净土攻坚战，紧抓未利用地土壤保护。全力做好冬奥赛事期间空气质量保障、环境整治等工作。

二是要大力推动绿色发展。深入实施绿色北京战略，严格执行北京城市总规和分区规划，严守"双控""三线"，落实生态环境"硬约束"。持续开展"疏整促"行动，深化基本无违法建设城区创建成果。加强中长期碳中和、低碳发展路径研究，推动形成低碳发展方式和生活方式。坚持科学防治，推动绿色环保技术研发、成果转化和产业培育，用科技手段有效打赢污染防治攻坚战。以绿色为主攻方向，以科技创新为动力，调结构、转方式、强产业、节资源，提高"绿色化"生产水平，建立健全绿色循环节约发展的经济体系。以节约型机关等示范创建为抓手，推动形成全社会共建共治共享的绿色新风尚。2017 年以来，石景山区落实北京市委在大气污染防治秋冬季攻坚行动部署会上的要求，开展"一微克"行动（"PM2.5 治理要一个微克一个微克地去抠"），聚焦扬尘、重型柴油车、挥发性有机物治理等重点领域，实施大气污染精准治理，有效推动了空气质量持续改善。

三是要着力提升生态环境保护建设水平。统筹山水林田湖草系统治理，抓好大尺度绿化，全力推进新一轮百万亩造林绿化工程，建设好"四道"融合示范工程，构建"山环水绕、绿轴穿城、绿链串园"的绿色空间格局，力争在中心城区率先建成"国家森林城市"。加强腾退拆除空间利用，推进留白增绿，揭网见绿，实现"能绿尽绿"。统筹滨水绿带、西山绿道建设，提升永定河、永引渠沿岸公共绿地空间，全力以赴推进北京冬季奥林匹克公园和八大处公园环境提升，高标准抓好冬奥组委机关、冬奥赛场周边沿线环境整治提升，打造展示首都服务冬奥的重要窗口和亮丽

风景线，努力建设好青山秀水石景山。

四是要做好中央生态环保督察整改工作。坚持问题导向，严格抓好督察反馈问题的整改落实。做好市级生态环保例行督察迎检工作，开展好区级专项督察。分区域、分领域推进日常督察，抓好2020年污染防治攻坚战成效考核的自查自评等工作。

为保障以上各项工作的落实到位，会议还专门强调：要切实加强党对生态文明建设的领导。全区上下要树立"一盘棋"意识，不断完善制度体系和工作机制，构建好"党委领导、政府主导、企业主体、公众和社会组织参与"的现代环境治理体系。区委生态文明建设委员会要加强统筹协调、督促检查，全面建立"林长制"、深入落实"河长制"。各专项小组、各成员单位要履行职责，各街道要守土有责，合力推动工作落实。各职能部门要按照"管行业必须管环保、管业务必须管环保、管生产经营必须管环保"的要求，全力落实各自领域的环保工作任务。加大生态环境执法力度，严格落实生态环保职责、约谈办法。加强社会共治，完善企业行业自律机制，鼓励公众主动参与，营造全社会共同关心、支持、参与生态文明建设的良好氛围。

目前，石景山区已在推进高井沟生态修复工程、永定河左岸公共空间提升工程、莲石湖公园景观提升工程和永定河左岸京原路以南环境整治提升工程四项重要工程建设。其中永定河左岸公共空间提升工程分为四段实施，新首钢大桥至庞村北段，长度约1.13千米，以"乐活荟聚"为主题，集中设置体育文化活动设施，打造休闲运动广场。庞村北段至京原路闸门，长度约1.3千米，以"冰雪童趣"为主题，根据不同年龄段儿童的生理和心理特征，设置3处节点，建设综合儿童活动空间。"丰沙记忆"主题段新建 1500 平方米铁路主题广场，让人回顾首钢丰沙线的历史。"织梦奥运"主题段由北向南集中设置了高线公园、冰雪森林、火车乐园及桥间天地等景点，是微缩版的冰雪运动场地。

总之，在"十四五"时期，后冬奥时期的全区产业布局转型、城市功能区转变，将给石景山带来全方位的提升，赋予新的首都功能定位，是"一主"中心城区的重要组成部分。北京建设全国文化中心，聚焦"一核一城三带两区"，石景山以"一带两区"融入北京发展大格局。在区发展总规的"三区"定位之下，围绕文化复兴、生态复兴、产业复兴和活力复兴这"四个复兴"计划，正加快建设"一起向未来"城市复兴新地标。长安街西延线现已全线贯通，苹果园建成了京西最大交通枢纽，"京西文化商圈"正强势崛起，依托旧厂房文创改造形成的文化园区、文化景观、文化设施、文化体验项目等已呈现井喷之势，紧邻首都西部城区和山水交通便利的优势进一步凸显。同时，石景山区的文化产业发展也将迎来大量的国际化视野和先进理念，城市文化品牌的标识将更加凸显，城市文化影响力和产业辐射力也将迅猛提升。只要科学规划、扎实推进，坚持以首都发展为统领、主动融入首都发展新格局，一座挺拔、秀丽、开放、安全、坚固的首都西大门将在京西大地巍然耸立。

从人地关系晴雨表到生态文明样板河

前面四章，我们从河流与城市的角度，梳理了永定河与北京城、与石景山的关系，以及石景山与北京城的关系，展现了各个历史时期永定河生态变迁给石景山与北京城的发展带来的各方面影响和变化，以及城市发展对永定河面貌的改观。永定河的沧桑巨变就像晴雨表一样，直观地反映着城市与环境、人与自然的关系。本部分不惜笔墨，再重点勾勒一下永定河生态问题与城市文明交互关系的发展脉络，以展望未来永定河在国家生态文明建设战略中的重要地位及作用。

一、山水融合，文化奠基

从本书第一章中可以看到，西山与永定河，构成了北京西部的地理骨架。西山山脉的阻隔作用，为早期城市出现提供了良好的地理环境，促进了原始聚落的产生与发展。北京地区属于温带季风气候，降水多集中在夏季，以暖湿气流形成的东南风降雨为主。夏季东南风穿过北京小平原后，遇到西山、军都山的阻隔，在山前地带形成更为丰沛的降水，有利于雨热同期的农业生产。冬季从蒙古高原南下的干冷西北风，部分被西山等山脉阻挡，减少了北京小平原过于寒冷的可能，位于西山东南侧的农业聚落因此获得了优越的水热条件。西山山脉层峦叠翠、山岭重重，北京第一高峰东灵山便属于西山，妙峰山、百花山等点缀其间，只有狭窄的永定河谷地可以穿越。在自然环境显著制约交通条件的历史时期，西山被誉为"神京右臂"，充分反映了山脉对北京城的地理防御作用。

永定河既是一条哺育文明的水脉，又是一条传播文明的文脉。永定河冲积扇的形成，为北京城的出现提供了充足的地域空间。在漫长的地质时代，永定河将上游流水侵蚀的碎石、泥沙搬运至下游。在三家店出山后，地势骤然变得平坦，河水流速减慢，大量砾石和泥沙迅速沉积下来，形成了永定河冲积平原。随着永定河主流河道的往复摆动和流向变化，冲积扇的范围日渐广袤。冲积扇内西北高、东南低，地势平坦，土壤肥沃，水源充足，排水良好，历史上曾是重要的农垦区。北京城恰好位于永定河冲积扇北部的轴心位置，既易得永定河水利，又少遭永定河水患。

蓟城自建立起，便以古永定河作为城市的主要水源。不过，永定河流量年际变化大，而且容易改道泛滥。到了魏晋时期，人们已开始有步骤地改造永定河水系，变水害为水利。曹魏嘉平二年(250年)，驻守幽州的镇北将军刘靖在实地考察永定河流势后，在石景山附近的永定河分水处修建戾陵堰与车箱渠，将河水向东引入高梁河，作为蓟城周围农田的主要灌溉用水。戾陵堰和车箱渠，堪称北京历史上第一项大型水利工程。西晋元康五年(295年)，刘靖之子刘弘复建河堤、修复被冲毁的石渠、维修主堰、改造水门，取得了良好的治水成效。同年十月，蓟城官员为铭记刘氏父子的治水功绩，刻石立表，为后世垂范。修建戾陵堰与车箱渠的出发点，都是为了人工改造永定河，使其更好地灌溉农田、给养百姓。

永定河流域的森林，为历史上的北京城提供了大量的燃料、建材和其他物资。从燕国蓟城宫殿的修建，到汉唐幽州城市的完善；从历代驻军所需的草料，到官民不可或缺的薪炭，西山山脉的林木供养着城市的需求。现存中国国家博物馆的绘画作品《卢沟运筏图》，显示了西山森林采伐的规模之大。延续不断的西山木材运抵蓟城与幽州，据此也是可以想见的历史过程。

永定河流域也是北京早期城市文化交流的孔道。魏晋南北朝时期，佛教开始在北京地区兴起，西山因临近城市且有永定河的运输便利，宗教文化开始萌芽。始建于西晋时期的潭柘寺，是北京最早修建的寺庙，有"京都第一寺"之称。"先有潭柘寺，后有北京城"成为流传久远的民谚。位于西山南部的云居寺石经，始刻于隋代大业年间，历经隋唐辽金元明各代，延续千年。因其刻制时间久远，石经数量众多，被人们誉为"北京的敦煌"。

古人认为"建邦设都，皆凭险阻"，西山与永定河不仅决定着北京早期城市的选址，也哺育了城市的逐步发展壮大。西山与永定河带来的优越地理环境和坚固地形防御，成为北京城市发展的重要战略基准，也是幽燕地区历史演进的关键节点。西山与永定河的藩篱作用、通道价值、农业便利，为历史上长期建都北京奠定了重要基础。

横卧在西山与永定河之浅山岔流中的石景山区，自古以来，山水资源得天独厚，地理位置扼控京西，较早地承接了天时地利，造就了一方文明。因而也对北京城的源起、壮大及其政治、经济、军事、文化、社会、生态等多方面发挥了至关重要的作用，在历史上为北京城立起了水利之门、能源之门、物流之门、安全之门、福祉之门、文明之门，奠定了北京城由军事藩镇迈向首都历程的基础。

二、都城时代的深度依赖和索取

正是由于永定河流域的水利、森林、物产，为古代蓟城的城市建设和居民生活持续不断地提供着水源、建材、能源、交通等方面的便利，这座城市逐渐壮大、成长。金代开始，北京城由一个军事藩镇成为王朝都城，城市地位上升，城市发展超越了人的自然需求。为了满足都城的特殊需要，人类开始日渐深入地改造自然。在水资源利用方面，改造水系原有状态，围绕都城进行布局；同时，因城市规模扩大，居民及周边

人口增加，水源供给范围也在不断向外拓展，水利功能及对永定河的开发全面深化。这些主要体现在以下五个方面：

第一，永定河流域的水利开发，拓展到了上游地区。引水灌溉、农业垦殖、采伐树木、挖煤烧炭等满足都城发展所需的一系列人类活动，导致上游地区植被破坏、生态退化、水土流失，永定河水源开始减少，河性发生变化。

第二，在这样的情况下，不得已凿长河（南）连接西山水脉到永定河故道——高梁河，城址由莲花池水系移向高梁河水系以获取更大的水源。永定河及其故道和分支，由此在北京城市水系格局中占据十分重要的地位，对都城空间格局产生了深远的影响。

第三，为增加漕运运力"穷尽"周边水脉，在京城北—西—南—东画了大半个圈，专为开辟漕运通道。萧太后运粮河（作为上源的蓟水来自石景山）、金口河、闸河、"运石大河"、重开金口河、通惠河等陆续兴建的水利工程，将永定河及西山水脉与京城相连，沟通了京城南北之间的大水网，为都城漕运及水系格局奠定了基础，确立了元大都"前朝后市"的都城格局，翻开了京杭大运河的宏伟篇章。

第四，为满足城池布局、园林苑囿、城市生活用水与农业灌溉、城市防洪等多种需求，对永定河、高梁河、潮白河、瓮山泊、什刹海、大明濠、护城河等河湖水系进行了各种人工整理和改造。金元时期几次尝试引永定河水济漕运的工程归于失败后，永定河日益成为北京的一条"害河"。为了北京城的安全，自元朝开始，修筑堤坝、抗洪防灾成为治理永定河的主要工作，中下游河道渐渐被堤坝固定。

第五，紧靠西山、傍临永定河的先天地理优势，促使北京最早的近现代工矿业在石景山发展起来，以首钢前身为代表的近现代企业在此奠基。西山的能源、矿产、建材，永定河的水源、水利，从山区通往平原的交通便利，为北京迈向现代化城市提供了保障。与此同时，矿产资源的深入持续开采，钢铁工业的大规模用水，产业工人的聚集和城镇化等因素，又深刻地影响着区域内的生态面貌及其相对平衡的状态。与北京其他区域相比，这里较早地出现了山林退化、水土流失、河道减少、水源不足、污染加重等问题。

诚如本书第二章所述，都城时代的北京地区在城市建设的各个方面，都严重依赖着永定河流域的资源供养和支出。在全面利用永定河奠定的水环境的同时，历代持续不断的水利开发和城市建设，改变着城市水源状况和水环境的自然风貌，改变着永定河流域的生态机制，从而埋下了区域水资源短缺、水环境退化的危机。

伴随西山永定河对都城所需资源的输送补给，石景山区段在都城时代成为具有特殊地位的节点。尤其在水利开发上，从三国时期筑戾陵堰、开车箱渠推动京西与京北的农业发展，造福北京地区，到金元以后开金口河，逐渐对都城安全形成威胁，是自然因素与人类活动共同促使生态环境变化的结果。因为对永定河流域资源的依赖，历史上一直围绕着石景山区不断兴修水利设施，改造永定河水利环境，由此强化了石景山作为"都门要津"的作用。

围绕着永定河的治理和利用，石景山区留下大量相关历史遗迹，见证了这里在北京发展进程中的关键作用。诸如麻峪、金口、金口河、永定河引水渠、衙门口林衡署、抽分局、冰窖、杨木厂、板桥渡口、模式口、首钢等，作为重要的水利、煤炭、渡口、商道、物产、产业等方面的代表性元素，突出地反映了石景山区的历史地位，是石景山区段充分利用永定河水利交通物产支持北京城市发展的重要见证。随着永定河流域的环境变迁，上述因素呈现出应运而生、兴衰交替的变迁过程，从而在不同领域和层面上展示出人与自然的进退关系，成为当代建设永定河生态文化的历史镜鉴。

永定河滋养了都城壮大，助力了城市更新；城市的不断成长和扩张又压缩了山水空间，打破了原有的生态平衡，带来一系列的后续影响和环境效应。原本具有山水之利的石景山区，由于充当了城市发展的重要支撑，一度成为城市超载、资源枯竭的典型受害区域，这样的局面直到最近若干年才得到显著改变。

三、河流与城市的空间之争

历史上，由于人们对科学和自然的认识水平有限，随着人类对自然的本能索取，人与自然的冲突也不断加剧。本书第三章内容显示了，人类在不断加大对永定河流域木材、薪柴等物资与土地开采的同时，永定河也以日益频繁的洪水不断地对这种无限制的索取进行报复。为了应对永定河洪灾，沿岸又不得不投入大量的人力、物力与财力予以治理。在河流治理的主导思想上，也是以"征服"为主，希望这条河流能够安澜"永定"下来。最终的结果，对永定河而言，由一条清澈的"清泉河"变成了"浑河"或"小黄河"。对王朝政府与沿岸人民来说，不仅汛期洪水造成了巨大苦难，而且即便在日常，河流治理的成本也与日俱增，给政府与民众带来了沉重的负担。

辽金以前，人们对永定河多以开发利用为主，尤其是围绕戾陵堰—车箱渠的水利灌溉系统。这是见于记载的永定河流域第一个大型水利工程，嘉平二年（250年）修筑后，每年灌溉水田两千顷，受益土地百余万亩，"施加于当时，敷被于后世"。明确见于记载的永定河水患，除西晋时漯水山洪暴发冲毁戾陵堰外，辽圣宗统和十一年（993年）秋七月己丑，"桑干、羊河溢，居庸关西害禾稼殆尽，奉圣、南京居民庐舍多垫溺者"。如此低频率的水患记载，除这一时期北京城市地位有限、文献记载缺失外，也说明永定河河流含沙量低，河道宽深，容蓄洪能力较强，人类与永定河的关系相对和谐。

金元时期，永定河流域人类活动强度的急剧增强，导致水土流失加剧，河水中泥沙含量增多。北魏时期永定河流域"杂树交荫""林渊锦镜"，有"清泉河"之称，《金史·河渠志》却已明确记载它"水性浑浊"。也是从这一时期开始，永定河这条北京母亲河的形象发生了巨大变化，由此前的"温柔可亲"变得"暴戾难测"。当时统治者还想继续利用永定河"引水济漕"，世宗大定十年（1170年）试图开凿金口河。不过，此时的母亲河对人们的过度索取已经"颇不耐烦"。金代开金口的工程很快失败了："峻则奔流漩洄，啮岸善崩；浊则泥淖淤塞，积滓成浅，不能胜舟。"

元代建设大都时，漕运西山木石任务紧急，只能冒险重开金口河，由此得到了"西山之利"。到了大德年间，郭守敬仍然将"金口以上河身，用砂石杂土尽行堵闭"。又过了几十年，元顺帝至正二年（1342年），中书参议孛罗帖木儿和都水监傅佐对金口河念念不忘，提出重开金口河。但在此时，永定河之水"湍悍易决，而足以为害；淤浅易塞，而不可行舟"。等到金口河重开，浑河之水汹涌而来，沿岸险情不断，民舍陵墓冲毁，夫丁死伤甚多，无奈之下只好关闭金口，永不启用。倡言重开金口河的孛罗帖木儿和傅佐被当作替罪羊，斩首以平民愤。此后几百年，再也没人敢提利用永定河引水济漕的方案。

如果说金元时期对永定河还有所利用，且这条母亲河还时不时展示自己"温柔"一面的话，那么明清时期的永定河几乎完全被推到了人类的对立面。永定河在史书之中的痕迹，似乎只有年复一年的洪水与灾难，以及越来越沉重的河道治理负担。

随着永定河的水文状况逐渐恶化，水灾日益严重，对京城的危害加剧。元明清三朝防御和治理永定河水患，成为朝廷政务的重中之重，"宗庙社稷之所在，岂容侥幸于万一"。历史上的筑堤防洪工程的重点，就在石景山至卢沟桥这一段的东堤。明代见于记载的永定河筑堤、浚河等河道治理工程有 46 次，其中 16 次集中于石景山至卢沟桥段。明代永乐以后以北京为国都，为保障京师安全，永定河卢沟桥段河堤改为大石砌筑，坚固程度远胜从前，至清代还在沿用。

清代是旧时永定河下游河道治理的巅峰时期，统治者立志要"征服"这一自金元以来迁徙无定的河流，让它"永定"下来。永定河下游自出山后至尾闾河道，形成了绵亘近四百里的连续性堤防，石景山至卢沟桥段再次强化和完善："金沟而下叠石为工者，二千余丈……石工数倍于前，固若坚城。"清代出现了专门的永定河管理机构——永定河道，下辖北岸同知、南岸同知、石景山同知和三角淀通判，同知、通判之下为汛员，各汛员各有所守，各司其职。每年可动用十数万人加高培厚堤岸："老幼废疾，肩挑户贩，无一获免。"每年河道治理的常规经费，从初期每年三四万两，到后期增长到十余万两。

大量人力、物力、财力的投入，并没有使得永定河"永定"。康熙三十七年（1698 年）至宣统三年（1911 年）的 214 年间，永定河下游发生漫溢决口共 77 次。单就水灾记载次数来看，比永定河大规模治理前还要频繁。光绪十六年（1890 年）永定河大水，上下数百里间一片汪洋，前三门外家家存水，墙倒屋塌。民国时期，战乱频仍，国力屡弱，对永定河治理的投入与管理，在一定程度上甚至连清代都不如。虽然出现了一系列极具近现代科学理念的治理规划，终究还是没能系统地付诸实践。

可以说，到了这一阶段，永定河人地关系的对立达到了顶点。一方面，河道治理成本与日俱增，繁重的赋役使沿岸居民不堪重负；另一方面，防洪效果却随着河道淤积与地上河的形成而越发勉强。于是，清政府陷入了两难境地。如果放弃筑堤对河道的约束，则之前的投入前功尽弃，永定河依旧四处迁徙无定；如果继续坚持，一定要"收服"这一含沙量极高的河流，大堤只能越筑越高，治理成本也会与日俱增，终有坚持不住的一天。

以传统社会的认识水平和生产力条件，若想永久性地解决永定河流域的生态矛盾，在乾隆皇帝看来，只能是"尽人事，听天命"，向上天祈祷了："欲期一劳永逸，实无善策，只可尽人力补苴。惟祈天佑神助，庶得长庆安澜耳。""惭乏安澜术，事神敢弗诚？"无论是利用、防范还是征服，永定河与人类的关系在石景山这一段表现得都极为充分和典型。从早期的开渠引水灌溉到明清以后日益加筑的堤坝，石景山附近的东岸都是关键之点。这里被称为京城引水的"安全之门"，其深刻含义也正在于此。

四、新时代生态文明建设理念的伟大实践

本书第四章阐述了一度濒临干涸的永定河如何重获生机的过程。可以说，历史上母亲河由曾经的丰盈、滋润变得暴戾、干涸，进入 21 世纪

后经过一系列整治，又渐渐起死回生、碧波重现的沧桑巨变，见证了人类从客观顺应自然到主观改造自然，再到谋求与自然和谐共生的思想转变历程，也是现代生态文明理论的伟大实践成果。作为永定河关键河段区域的石景山区，这十几年来在西山永定河文化带建设方面着力尤重，让人清晰地看到，党的十八大以来关于生态文明的新理念、新纲领如何在石景山区落地、生根、开花、结果，人与自然的关系如何由破坏、冲突到重建、和谐的可喜变化。

21世纪初，面对资源约束趋紧、环境污染严重、生态系统退化的严峻形势，人们开始认识到，必须树立尊重自然、顺应自然、保护自然的绿色发展理念，把生态修复和生态建设放在重要地位，坚持节约优先、保护优先、自然恢复为主的方针，着力推进绿色发展和可持续发展。在这个阶段，石景山区开始了环境整治，以绿色发展为主题，全面推进山坡、河岸、街道、社区的绿化美化工作；治污清乱，修整河道，整理出山水街巷的基本肌理和空间脉络。

随着生态文明建设理念的进一步深化、充实、完善，生态文明建设实践进入了系统化、制度化、常态化、持久性的阶段。尤其是党的十八大把生态文明建设提到与经济建设、政治建设、文化建设、社会建设并列的位置，形成了中国特色社会主义事业"五位一体"的总体布局，这标志着我国开始走向社会主义生态文明的新时代。石景山区的生态文明建设在这一阶段，无论是指导方针、规划思想还是具体实施，都跃上了一个崭新的台阶。其显著特征是，紧紧围绕首都发展新格局，在生态环境治理和改善过程中把人的因素、文化的因素融进去，把生态文明建设与区域经济、社会的全面发展融为一体、统筹规划。全区的规划建设始终以"山水林田湖草沙"生态理念为指引，力求高起点、大手笔打造具有时代特色的首都生态文明建设金名片，着力塑造有品质的公园式城市。在其各方面的具体建设项目中都能看到以改善生态为基础、以优质环境促发展的核心思想。同时，在牢牢把握冬奥会成功举办和新首钢复兴新地标这"两大机遇"实现关键转型、推进融入首都发展新格局"三区建设"的过程中，又把"充分彰显生态文化底蕴""持续增进民生福祉"作为一切建设发展的中心和目的①。也就是说，以西山永定河文化带为轴心的生态文化建设，不只是石景山区全面发展、提升的一个背景、一抹底色、一层地基，更是引擎、是主体、是目的、是结果。山水不再只是提供人类活动的舞台，更是融入人类生活的价值体现。

诚如党的十八大报告所强调的那样，"把生态文明建设放在突出地位，融入经济建设、政治建设、文化建设、社会建设各方面和全过程"，石景山区的生态文明建设实践，充分体现了既把生态文明建设与经济建设、政治建设、文化建设、社会建设相并列，又在经济建设、政治建设、文化建设、社会建设过程中融入生态文明建设的理念、观点和方法，着力实现山水人城都"五位一体"、和谐共生的发展目标。随着区内"一轴四园""三道五区"与融入首都发展新格局"三区建设"等规划的落实，未来石景山区将努力成为驻守首都西大门的"山水之城""宜居之城""品质之城"。人与自然的和谐关系、"一半山水一半城"的美丽姿态，正在石景山的各项工作规划和实践中逐步呈现。

① 《一图读懂 | 石景山区"十四五"时期国民经济和社会发展规划和2035年远景目标纲要》，北京市石景山区人民政府门户网站，http://www.bjsjs.gov.cn/ywdt/20210127/15157693.shtml。

本书完成之际，正逢中国共产党的二十大胜利闭幕。从十八大、十九大到二十大，党领导人民始终坚持"绿水青山就是金山银山"的理念，坚持山水林田湖草沙一体化保护和系统整治，生态环境保护正发生着历史性、转折性、全局性的变化。永定河流域已形成上下游协调统一的生态治理思路和标准，实现了流域内统筹调配满足生态补水需求，逐年不断地增加了一次性通水河长和稳定不断流河长。西山永定河文化带的生态治理成效以及永定河干流的全面通水，已经成为永定河全流域绿色转型发展的标志。而石景山区在党的二十大之后更进一步地提出："要坚持绿色发展理念，推进生态文明建设，持续扩大生态空间容量，打好蓝天、碧水、净土保卫战，坚决守住生态保护红线，全力建设生态宜居示范区。"①2022年11月初，国家林业和草原局发布《关于授予北京石景山等26个城市"国家森林城市"称号的决定》，石景山区在北京中心城区中率先成功入围，完成了"山、河、轴、链、园"绿色生态体系的基本构建，形成了"山环水绕，绿轴穿城，绿链串园"的森林城市空间格局。"森林石景山，生态复兴城"，正在成为北京各区转型发展中的样板，为首都生态宜居的城市风貌增添其特有的山水人文板块。

　　山有魂，水有灵，山水相依祐京城。愿巍峨的大西山更加苍翠，古老的母亲河生机重现，让它们雄姿英发、柔波秀美地拥抱着我们的城市，与我们和谐共生！

---

　　①《石景山区召开全区领导干部会议，传达学习贯彻党的二十大精神》，北京市石景山区人民政府，http://www.bjsjs.gov.cn/ywdt/sjsdt/20221026/15298660.shtml。

参考文献

1. 北京石景山区地方志办公室．北京石景山区方志漫谈丛书·缤纷史话[M]．北京：中央文献出版社，2008．

2. 北京石景山区地方志办公室．北京石景山区方志漫谈丛书·古刹寻踪[M]．北京：中央文献出版社，2008．

3. 北京石景山区地方志办公室．北京石景山区方志漫谈丛书·辉煌集萃[M]．北京：中央文献出版社，2008．

4. 北京石景山区地方志办公室．北京石景山区方志漫谈丛书·民俗风物[M]．北京：中央文献出版社，2008．

5. 北京石景山区地方志办公室．北京石景山区方志漫谈丛书·名人墓葬[M]．北京：中央文献出版社，2008．

6. 北京市社会科学研究所．北京史苑（第一辑）[M]．北京：北京出版社，1983．

7. 北京市社会科学研究所．北京史苑（第二辑）[M]．北京：北京出版社，1985．

8. 北京市石景山区志编委会．北京市石景山区志［M］．北京：北京出版社，2005.

9. 蔡蕃．北京古运河与城市供水研究［M］．北京：北京出版社，1987.

10. 陈琮．(乾隆)永定河志［M］．北京：学苑出版社，2013.

11. 侯仁之．北平历史地理［M］．北京：外语教学与研究出版社，2014.

12. 李逢亨．(嘉庆)永定河志［M］．台北：文海出版社，1969.

13. 李鸿章．(光绪)畿辅通志［M］．清光绪十二年(1886年)刻本.

14. 李华章．北京地区第四纪古地理研究［M］．北京：地质出版社，1995.

15. 沈榜．宛署杂记［M］．北京：北京古籍出版社，1980.

16. 中国水利水电科学研究院水利史研究室．再续行水金鉴·永定河卷［M］．武汉：湖北人民出版社，2004.

17. 孙冬虎．北京地名研究［M］．北京：北京燕山出版社，2009.

18. 孙冬虎．北京近千年生态环境变迁研究［M］．北京：北京燕山出版社，2007.

19. 王履泰．畿辅安澜志［M］．北京：线装书局，2004.

20. 王云五．续行水金鉴·永定河卷［M］．上海：商务印书馆，1936.

21. 吴文涛．北京水利史［M］．北京：人民出版社，2013.

22. 尹钧科，吴文涛．历史上的永定河与北京［M］．北京：北京燕山出版社，2005.

23. 尹钧科，吴文涛．永定河与北京［M］．北京：北京出版社，2018.

24. 周家楣．(光绪)顺天府志［M］．上海：上海古籍出版社，2002.

25. 朱其诏，蒋廷皋．(光绪)永定河续志［M］．台北：文海出版社，1969.

26. 陈光鑫．泥河湾东胡林　沿河走来北京人［J］．前线，2022(3).

27. 丁进军．康熙与永定河［J］．史学月刊，1987(6).

28. 高换婷．光绪年间治理永定河档案［J］．历史档案，2012(3).

29. 龚秀英．北京永定河三处水利工程遗址的调查研究［J］．北京水务，2013(4).

30. 李诚．永定河出西山，碧水环绕北京湾［J］．前线，2022(2).

31. 李国梁．康熙治河［J］．史学月刊，1983(3).

32. 李明琴．明兵部尚书刘体乾墓神道石刻［J］．文物春秋，2011(5).

33. 李自典，吴慧佩．永定河治水的传说［J］．北京观察，2019(5).

34. 孙冬虎．永定河流域的地质和古人类文化［J］．北京历史文化研究丛书，2007(3).

35. 王建伟．北京西山区域的文脉与内涵［J］．前线，2017(10).

36. 吴文涛．从《水经注》看古代北京地区水系原貌［J］．北京历史文化研究，2012.

37. 吴文涛．历史上永定河筑堤的环境效应初探［J］．中国历史地理论丛，2007(4).

38. 吴文涛．山水书长卷，一轴带京畿［J］．前线，2021(1).

39. 吴文涛．永定河：从水脉到文脉［J］．前线，2017(6).

265

40. 吴文涛. 永定河流域的名山文化[J]. 北京历史文化研究丛书，2007(3).

41. 徐世大. 永定河及其流域之形势[J]. 华北水利月刊，1932，5(1)－5(2).

42. 徐世大. 永定河下游之整理[J]. 华北水利月刊，1932，5(9)－5(10).

43. 徐世大. 永定河之水灾与其治导之沿革[J]. 华北水利月刊，1931，4(4).

44. 姚孝迷. 对永定河历史洪水几次波及北京城区的探讨[J]. 海河水利，1999(1).

45. 叶瑜，徐雨帆，梁珂，等. 1801年永定河水灾救灾响应复原与分析[J]. 中国历史地理论丛，2014(4).

46. 尹钧科. 北京西山历史文化掠影[J]. 北京文博论丛，2016(3).

47. 尹钧科. 关于戾陵堰、车箱渠、永济渠新见[J]. 北京历史文化研究，2012.

48. 尹钧科. 论永定河与北京城的关系[J]. 北京社会科学，2003(4).

后　记

　　西山永定河文化带是《北京城市总体规划（2016年—2035年）》中提到的重点打造的三条文化带之一。石景山区历史悠久、底蕴深厚，是西山永定河文化带的重要节点，是北京历史文化名城保护体系中的重要组成部分，被整体建制纳入西山永定河文化带建设中。为高标准建设西山永定河文化带，石景山区率先成立了西山永定河文化带建设领导小组，设置了领导机构，开展了修复永定河生态功能、模式口古商道环境整治及修缮工程、"香八拉"石景山段景观提升等一系列推进工作，于2019年9月正式发布《石景山区西山永定河文化带保护发展规划》及"五年行动计划"，从文化遗产保护、文化内涵挖掘、综合环境整治、永定河水治理、文化项目建设、生态休闲旅游等方面勾勒发展蓝图，明确建设路径，提出打造包括永定河生态文化、模式口历史文化、八宝山红色文化、八大处传统文化、首钢工业文化、冬奥及创新文化在内的"六张名片"，努力将西山永定河文化带石景山段打造成为全国文化中心建设的精品力作。

　　本书稿就是在这一背景下，由石景山区文化和旅游局组织北京古都学会、北京市社科院历史所等所属北京历史文化领域的专家通力合作撰写而成。本书第一章由李诚助理研究员撰写，第二章由许辉副研究员执笔，第三章由王洪波副研究员撰写，第四章、绪论以及结语均由吴文涛副研究员执笔，全书策划、纲要、编辑及统稿等也系吴文涛负责。孙冬虎研究员和王建伟研究员为本书审核把关，提出了很多修改意见和建议。本书从永定河与北京城、永定河与石景山、石景山与北京城这几层关系展开，用大量的文献和史实分析梳理了永定河石景山段的历史变迁及生态文明发展演进的过程，从生态文化的视角，论述了石景山区多元交融文化格局的历史由来和根基，展示了石景山区历史文化资源的底蕴和内涵，勾勒出"秀水石景山"在首都历史文化长卷中的独特魅力。以期能够为重新认识石景山地区在北京城形成中的历史作用和重要地位，进一步将文化资源转化为发展资源，保护好、传承好、利用好石景山区历史文化遗产，精心打造石景山区特色文化名片提供理论支撑，为建设首都西大门提供文化新动能。

石景山区文化和旅游局多年来致力于深度挖掘文脉、保护文化遗产的工作，此次对组织编写和出版《永定河生态文化》等"六张名片"（共六本书）的工作格外重视，全过程跟进，全方位支持。局主要领导亲自召集专家学者多次开会进行深入研讨、挖掘主题立意等，参与课题研究，围绕石景山区的"三区"定位（建设国家级产业转型发展示范区、建设绿色低碳的首都西部综合服务区和建设山水文化融合的生态宜居示范区），以及永定河古河道、模式口古商道、天泰山—八大处古香道等"三道"文化内涵，给全书立题定调，提出了指导性建议。苗天娥等区文化和旅游局的专家型干部更是亲力亲为，为本书提供了丰富的资料和切实宝贵的意见。对此，全体课题组成员深表感谢！

全书修订完稿之际，正值党的二十大胜利闭幕，期待此书的出版能为首都生态文明建设成果系列献上一份薄礼！

请恕课题组成员能力有限或水平参差不齐，书中不足之处还望广大读者批评指正！

吴文涛

2022 年 11 月 29 日